"生物多样性"

物种的保护

蒋志刚　谢宗强　编著

中国林业出版社

图书在版编目（CIP）数据

物种的保护 / 蒋志刚，谢宗强　编著. —北京：中国林业出版社，2008.4

（"生物多样性保护"系列丛书）

ISBN 978-7-5038-5199-5

Ⅰ. 物…　Ⅱ. ①蒋…　②谢…　Ⅲ. 生物多样性－保护　Ⅳ. Q16

中国版本图书馆CIP数据核字（2008）第037695号

"生物多样性保护"系列丛书

主　编：陈宜瑜

副主编：康　乐　马克平（常务）

中国林业出版社·环境景观与园林园艺图书出版中心

策划、责任编辑：吴金友　于界芬

电话：66176967　66189512　　传真：66176967

出　版　中国林业出版社(100009　北京西城区刘海胡同7号)

E-mail　cfphz@public.bta.net.cn　电话 66184477

网　址　www.cfph.com.cn

发　行　新华书店北京发行所

印　刷　北京中科印刷有限公司

版　次　2008年5月第1版

印　次　2008年5月第1次

开　本　880mm×1230mm　1/32

印　张　6.125

字　数　194千字

印　数　1～4000册

定　价　48.00元

序

　　生物多样性是生物及其与环境形成的生态复合体以及与此相关的各种生态过程的总和，包括数以百万计的动物、植物、微生物和它们所拥有的基因以及它们与生存环境形成的复杂的生态系统，是生命系统的基本特征。人类文化的多样性也可被认为是生物多样性的一部分。正如遗传多样性和物种多样性一样，人类文化(如游牧生活和移动耕作)的一些特征表现出人们在特殊环境下生存的策略。同时，与生物多样性的其他方面一样，文化多样性有助于人们适应不断变化的外界条件。文化多样性表现在语言、宗教信仰、土地管理实践、艺术、音乐、社会结构、作物选择、膳食以及无数其他的人类社会特征的多样性上。

　　生物多样性是人类赖以生存的物质基础，具有巨大的商品和公益价值。其价值主要体现在两个方面：第一，直接价值，从生物多样性的野生和驯化的组分中，人类得到了所需的全部食品、许多药物和工业原料，同时，它在娱乐和旅游业中也起着重要的作用；第二，间接价值，间接价值主要与生态系统的服务功能有关，通常它并不表现在国家核算体制上，但如果计算出来，它的价值大大超过其消费和生产性的直接价值。据Costanza等估计，全球生物多样性每年为人类创造约33万亿美元的价值。生物多样性的间接价值主要表现在固定太阳能、调节水文学过程、防止水土流失、调节气候、吸收和分解污染物、贮存营养元素并促进养分循环和维持进化过程等方面。随着时间的推移，生物多样性的最大价值可能在于为人类提供适应当地和全球变化的机会。生物多样性的未知潜力为人类的生存与发展显示了不可估量的美好前景。

　　近年来，物种灭绝的加剧，遗传多样性的减少，以及生态系统特别是热带森林的大规模破坏，引起了国际社会对生物多样性问题的极大关注。生物多样性丧失的直接原因主要有生境丧失和片段化、外来种的侵入、生物资源的过度开发、环境污染、全球气候变化和工业化的农业及林业等。但这些还不是问题的根本所在。根源在于人口的剧增和自然资源消耗的高速度、不断狭窄的农业、林业和渔业的贸易谱、经济系统和政策未能评估环境及其资源的价值、生物资源利用和保护产生的惠益分配的不均衡、知识及其应用的不充分以及法律和制度的不合理等。总而言之，人类活动是造成生物多样性以空前速度丧失的根本原因。据估计，由于人类活动引起的人为灭绝比自然灭绝的速度至少大100倍。引起了国际社会的普遍关注，各国政府纷纷制订有关生物多样性，特别是受威胁物种保护的法规。在生物多样性保护的进程中具有历史意义的事件是1992年在巴西首都里约热内卢召开的联合国环境与发展大会。在这次会议上通过了5个重要文件，其中之一即《生物多样性公约》。当时有150多个国家的首脑在《公约》上签字。《公约》于1993年12月29日正式生效，目前已有188个国家或地区成为缔约方。其宗旨是保护生物多样性、持续利用生物多样性以及公平共享利用遗传资源所取得的惠益。

中国是世界上少数几个"生物多样性特别丰富的国家"之一，现存物种总数约占全世界的10%。中国又是世界上人口最多的国家，人均资源占有量低。中国比其他国家更依赖于生物多样性。然而，巨大的人口压力、高速的经济发展对资源需求的日益增加和利用不当，使中国生物多样性受到极为严重的威胁。据调查，我国的生态系统有40%处于退化甚至严重退化的状态，生物生产力水平很低，已经危及到社会和经济的发展；中国有15%～20%的物种受到严重威胁；遗传多样性大量丧失。中国作为世界栽培植物起源中心之一，有相当数量的、携带宝贵种质资源的野生近缘种分布，其生境受到严重破坏，形势十分严峻。而且中国的保护区多在经济不发达地区，用于保护区的费用远远低于世界平均水平。如果不立即采取有效措施，遏制这种恶化的态势，中国的可持续发展是很难实现的。

为了推动生物多样性研究工作，及时反映这方面的研究成果，促进跨世纪的人才的培养，中国科学院生物多样性委员会曾组织并完成了"生物多样性研究"丛书，对于推动我国的生物多样性研究工作起到了积极的推动作用。随着近年来对生物多样性知识的普及和宣传，我国各级政府的有关管理人员和决策者对生物多样性的重要意义有所认识，保护意识也有所提高。但对于保护和可持续利用的需要还有较大差距。为此，中国科学院生物多样性委员会又组织有关专家编写这套"生物多样性保护"系列丛书,以进一步提高政府部门和公众对生物多样性保护的认识水平。为实现《生物多样性公约》缔约国大会提出的在2010年基本遏制生物多样性丧失的态势提供必要的信息。

陈宜瑜

2005年11月21日于北京中关村

前　言

　　接踵而来的工业革命、技术革命、现代信息革命以及基因技术革命，使得人类正在以前所未有的程度与范围影响地球上的微生物、植物和动物及其生存环境。生物多样性不再是生物进化历程中物种兴衰的简单测度，而是一个与我们所作所为、日常生活息息相关的客观实在。

　　本书主要介绍了3部分内容：物种是什么，为什么要保护物种以及怎样保护物种。

　　物种是什么？这是本书首先介绍的内容。物种是一个科学概念，同时，物种又是人们生活中时时刻刻会遇到的客观存在。物种是生物界连续性与间断性的体现。物种是可以分辨的，是生物长期稳定存在的基础，同时，物种又是变化的，自然界的物种无时无刻不在发生变化：一些物种消亡了，一些物种演变为新的物种。物种的稳定存在体现为生物物种的多样性，物种的演化汇集为生命的进化。

　　为什么要保护物种？物种是一个超级生命体，尽管物种有生有死，有兴有衰。一个物种一般会经历一个诞生、发展和衰亡的过程。物种的衰亡可能是物种的灭绝，也可能是演变为新的物种。生物进化史中出现过五次物种大灭绝，人类社会出现后，人类的所作所为导致了地球环境的改变，使地球上许许多多的物种面临着生存危机，也造成一些物种的不正常灭绝。如果说，前五次物种大灭绝是由于自然条件的改变而发生的话，那么，即将面临的所谓的第六次物种大灭绝的主因就是人类活动。目前地球上的物种是人类共同拥有的宝贵财富，是地球上生物亿万年进化的产物，是一旦失去不可复得的资源。一个物种常常可以决定一个国家、一个民族的命运。所以，保护物种的重要性不言而喻。

　　怎样保护物种？是将它们保留在原来生存环境之中，还是人工种植、人工养殖？地球上的人口已经突破60亿，而且还在继续增长。人类必须利用地球空间来生产食物，构建住所，工业基地、城市和交通运输业也要占用空间。我们只能在有限的地区建立自然保护区，为野生动植物保留生存空间。然而，我们希望保存这些野生动植物物种继续演化的潜力。在有限空间中，当物种种群数目有限时，如何做到这一点是一个大难题。当物种的生存环境不复存在时，我们必须将它们迁移到物种繁育中心。目前，哪一些物种需要人类协助才能生存？怎样保护这些物种？以人类目前的能力，我们能够保护多少物种？这是另一类难题，又是我们不得不面对的现实问题。

保护野生动植物物种已经不单纯是一个生物学问题，这个问题涉及到社会、伦理、经济、文化等各方面。近20年来，野生动植物保护一直是公众关注的热点问题。20世纪80年代中期，大面积竹林中竹子开花，大熊猫面临生存危机，曾牵动了亿万人的心；20世纪90年代雪域高原的藏羚羊遭到大规模偷猎，血淋淋的莎图什贸易受到了世界舆论的一致谴责。进入21世纪，SAS疫情、禽流感爆发、野生动物国际狩猎场问题以及陕西镇平华南虎照片，人们将更多的目光投向了野生动植物。

主张未来世代有权利从我们这一代手里继承一个没有变质、未被破坏的世界的主张称之为"代际平等"。这一主张首先由富兰克林·D·罗斯福(Franklin D. Roosevelt)提出，并得到了广泛的赞同，其影响一直延续到现代。人类社会的未来世代与现代人具有同等的权利。我们有必要认识物种，保护物种，让后代从我们手中继承一个万物昌盛、生机勃勃的世界。

蒋志刚
2007年10月8日于北京中关村

目　录

第一章　物种概念的由来

春天郊游时，当你踏入一片林间草地，翩翩起舞的凤蝶扑面而来，"嗡嗡"作响的蜜蜂在你头顶盘旋。聆听着林间树枝上小雀叽叽喳喳的鸣叫，环视四周那些不知名的小花，你的第一个问题可能是这些凤蝶、蜜蜂、小鸟、小花叫什么名字。生物学家为了区分自然界的植物、动物和微生物建立了一个生物分类系统。这个生物分类系统的基本框架由界、门、纲、科、属、种组成。种也称为"物种"，物种是生物分类系统中基本单元。物种是一种基本的生物类别，级别低于属或亚属，由一些能够进行杂交并产生可育后代的生物个体组成。

物种由英文"species"一词翻译而来。1898年我国早期翻译家严复（1859～1921）正式翻译刊印《天演论》时创造了"物种"这个词。据杨亲二（2006）考证，严复将"species"译为物种，可能受到庄子"万物皆种也，以不同形相禅"思想的影响。

最早使用种的概念是亚里士多德。亚里士多德的逻辑中，最大的类别，"总类"（例如植物），按演绎法分成两个（或多于两个）其下属的亚类，称为"种"。每个"种"在下一轮较低级的划分中成为"属"，"属"再细分为"种"。如此反复继续进行，直到最低级的种不能再分为止。当然，按逻辑分法的分类称为下行分类，它既适用于非生物（如家具可分为椅，桌，床等等），也适用于生物分类（Mayr，1969）。

生物学的历史是围绕生物物种展开的，在生物学中使用物种概念者是瑞典植物学家林奈。

一、林奈的故事

17世纪以来，随着科学技

图1-1　卡洛斯·林奈

术的发展和航海业的兴起，博物学家们从世界各地搜集到了大量的动物、植物和化石标本。到1600年，人们已经认识了约6000种植物。而在1700年前后，植物学家又发现了12 000个新种。由于没有一个统一的命名法则，各国学者都按自己的一套工作方法给植物命名，因此出现了相同的动植物却有不同的名字、而一些不同的动植物却又同名的怪现象。这种现象影响了人们对动植物的统一认识，影响了国际学术界的交流。于是，迫切需要对这些生物物种进行科学的分类。

现代生物分类系统的建立应归功于瑞典植物学家——林奈（Carolus Linnaeus）(图1-1，1-2)。林奈于1707年生于瑞典斯堪。斯堪是一个美丽的地方，有"北欧花园"之称。斯堪的草原上长满各种花草，草原三面临海，北端为坡度平缓的丘陵，丘陵上长满了山毛榉与常青松柏。波罗的海的海风带来的水汽，滋润着这块土地，使斯堪成为北欧地区最迷人的地方。林奈的父亲、外祖父都是牧师。而林奈的父亲同时还是一位农夫，他只有名字却没有姓。林奈父亲爱好园艺，喜欢植物，就用瑞典文的菩提树(Lind)定为姓氏的字

图 1-2　林奈的雕像（蒋志刚摄）

源。林奈自小耳濡目染，又有父亲从旁指导，从童年起即认识了不少植物，但是，由于没有可以查阅的书籍与图鉴，林奈学会的植物名称很快又忘了，他不得不一次又一次地问父亲。林奈父亲为了锻炼他的记忆力，规定凡是林奈问过植物名称，不准再问第二遍。这样锻炼了林奈记忆力。

林奈在小学和中学的学业并不出色，但他喜欢阅读植物学著作，喜欢到野外去采集植物标本。到后来他成为乌普萨拉大学的教授时，他就在植物园里为学生讲授植物课，这在今天被认为是天经地义的授课方式，而在当时却被认为是离经背道的，受到了其他教授的攻击，林奈不得不放弃在乌普萨拉大学的工作。一直到瑞典国王任命林奈为终身植物学教授，他才回到乌普萨拉大学继续教授植物学。

1732年，林奈随一个探险队来到瑞典北部拉帕兰地区进行野外考察。林奈在考察中收集了不少宝贵的资料，发现了100多种新植物。这些调查结果总结在他的《拉帕兰植物志》一书中。1735年，林奈开始周游欧洲各国，并在荷兰取得了医学博士学位。他在欧洲各国结识了一些著名植物学家，见到了国内所没有的一些植物标本。林奈在国外的3年是林奈一生中最重要的时期，是他学术思想成熟的关键时期。1738年，林奈回到瑞典。1735年，林奈出版了《自然系统》一书(图1-3)。1753年，林奈出版了《植物种志》一书，这是世界上第一部"世界植物志"。

受宗教影响，林奈相信上帝创造万物，长期持有物种不变的观念。他对植物类群的划分，以雄蕊数目为依据，他将那些雄蕊数目相同的植物划归同一个

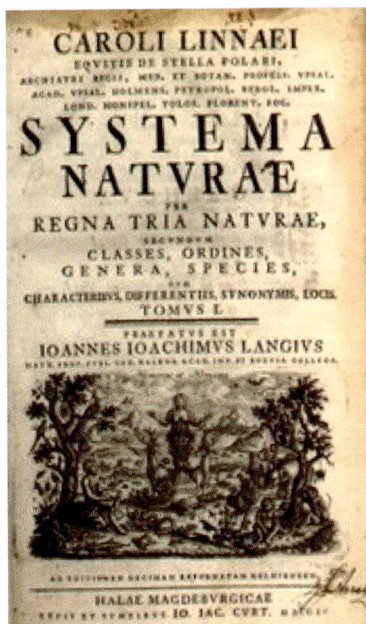

图1-3 1735年刊印的《自然系统》

类群。根据雄蕊和雌蕊的类型、大小、数量及相互排列等特征划分纲、目、属、种等分类单元，是林奈首创的分类系统。林奈将植物分为24纲、116目、1000多个属和10 000多个种。这种人为的植物系统划分，尽管使用方便，却不能反映植物之间的亲缘关系。

林奈的分类工作总结在《自然系统》一书之中。每经过一段时间，随着采集标本数目的增加，林奈会修订他的分类系统。经过增补和修订，《自然系统》曾多次再版。1758年印刷发行的第10版《自然系统》中，林奈在动物界下设纲、目、属、种4个阶元（尚无"门"及"科"级阶元），将动物界分为哺乳纲、鸟纲、两栖纲、蠕虫纲、鱼纲和昆虫纲。

林奈首次采用了"双名法"对生物进行分类。所谓的双名法是，利用生物的属名作为第一名称，利用生物的种名作为第二名称。植物的常用名由两部分组成，前者为属名，要求用名词；后者为种名，要求用形容词或名词。例如，银杏树学名为*Ginkgo biloba* L.其中，*Ginkgo*是属名，是名词；*biloba*是种名，是形容词；第三个字母，则是定名者姓氏的缩写，L.为林奈（Linne）的缩写。双名法是林奈一生中对生物学的最大贡献。在科学文献中，动植物的学名排斜体，以示与英文区别。林奈规定学名必须简化，以12个字为限，以便于整理，有利于交流。这样，避免了物种同名的现象。林奈的生物分类方法和双名制逐渐被各国生物学家所接受。各国生物学家用这个系统鉴定并命名了数以万计的动植物物种，结束了动植物分类命名的混乱局面，促进了生物分类学的发展，奠定了生物学的基础。

林奈能取得这些成就，除了因为他对植物有特殊的感情和好学精神外，还和他具有广博的经历以及有利的学习、深造条件等有密切的关系。林奈重视学习前人的工作，虚心取他人之长并加以发展。如在1729年，林奈读了法国植物学家维朗特著的《花草的结构》一书后，受到启发，首创了根据植物的雌蕊和雄蕊的数目进行植物分类的方法。再如，古希腊亚里士多德(Aristotle，公元前384年～公元前322年)建立的动植物命名法规已经具有双名制的萌芽，林奈完善并推广了亚里士多德的双名制。

林奈系统整理了前人的动植物知识，摒弃了人为的按时间顺序的植物分类法，选择了自然分类方法。他创造性地提出的分类系统包括了8800多个物种，几乎达到了"无所不包"的程度，被人们称为万有分类法，并从植物的分类推广到动物的分类。然而，当时的动植物分类注重的是动植物形态的差异，分类学家常常缺乏对分类对象的生态学知识，常常避免不了犯错误。例如林奈就误将绿头鸭的雌性与雄性个体鉴定两个不同的物种(图1-4)。由于性两型性，因为雄性绿头鸭的头部是绿色的，而雌性绿头鸭通体都是麻栗色的，闹出了一个不大不小的笑话。

图1-4 乌普萨拉河畔冰面上一对绿头鸭。这些绿头鸭是林奈逝世后才引入的(蒋志刚摄)

林奈一生出版了180余种著作。他相信上帝创造万物，认为物种不变。在1735年出版的《自然系统》一书中，林奈对"物种不变"观念进行了专门论述。

后来，林奈在长期生物分类实践中收集到了越来越多的新物种。这些物种是从哪里来的？这些物种都是神创的吗？林奈晚年对生物物种的看法有所改变。在1776年出版的《自然系统》的第12版中，林奈删去了有关"种不会变"的论述。但是，林奈未能发现生物进化。物种演化，这一发现是若干年后由英国博物学家达尔文完成的。林奈受到当时条件的限制，他大部分时间生活在瑞典，就呆在乌普萨拉，他未能到世界各地考察，采集生物标本，亲自观察那些生物生存的环境。尽管如此，林奈对东方，特别是中国的动植物充满了兴趣。他派出了许多学生到世界各地，包括到中国采集生物标本，当时的旅途十分艰险，一些学生甚至在考察中献身了。这些学生的献身给他们的家庭和林奈本人带来了无限的痛苦。

二、达尔文的故事

在距离英国伦敦220千米、距离西海岸约100千米的塞文河畔有一座古城施鲁斯伯。林奈辞世30周年后，生物学史上另一位影响深远的伟大的博物学家查理·达尔文就诞生在该城近郊一处座落在塞文河岸悬岩峭壁之上的三层红砖楼房里。达尔文是家里的第五个孩子，他的父亲是名医生。

达尔文是一位自学成才的博物学家(图1-5)。

与林奈相似，童年的达尔文对学校的功课不感兴趣，而对自然史却产生了浓厚的兴趣，他喜欢认识各种植物，同时也喜欢搜集矿物、贝壳、硬币和图章。达尔文十分好学，10岁时，便阅

图1-5　查理·达尔文

读了地方动物志。达尔文读了鸟类学方面的图书之后，开始观察鸟类的习性，并作出各种标记。他小小的年纪就十分喜欢"在刮风天的傍晚沿着海滨散步，观察那些沿着奇怪的路线飞回家去的海鸥和鸬鹚。"

后来，在父亲的安排下，达尔文进入英国爱丁堡大学学习医学。可是达尔文对当时大学里讲授的枯燥的医学不感兴趣，却对大学的博物馆产生了浓厚的兴趣，并在学校旁听了动物学课程。动物学课程开头讲的就是人类自然史，然后主要讲授脊椎动物亚门和无脊椎动物。在爱丁堡大学学习期间，达尔文还旁听了"论物种起源"这门哲学课。

达尔文的父亲望子成龙心切。但是他这时十分懊恼地发现达尔文对医学根本不感兴趣，于是，他重新安排达尔文去剑桥大学学习神学，准备将他培养成一名神父。令达尔文父亲感到无法理解的是，达尔文对神学也不感兴趣。达尔文喜欢在剑桥河畔的草地上采集甲虫标本（图1-6）。在剑桥期间，达尔文常常去听年轻教授亨斯罗的植物学课，并与亨斯罗教授交上了朋友。

在剑桥大学的最后一年里，达尔文读了两部对他个人成长影响深远的书：德国自然科学家洪堡著的《南美旅行记》以及英国天文学家约翰·赫歇耳著的《自然哲学入门》。亨斯洛教授因势利导，鼓

图 1-6　剑桥河畔，当年达尔文曾在这里采集甲虫标本（蒋志刚摄）

励达尔文努力钻研地质学。达尔文读了好几本地质学著作之后，在短时期内考察了家乡附近的地质情况，绘制了一套彩色地图。快毕业时，亨斯洛教授介绍达尔文跟随剑桥大学地质学教授塞奇威克去北威尔士考察古岩层地质。在考察中，达尔文学会了发掘和鉴定化石，学会了整理和分析调查材料。他发现某些现象如不注意观察，即使有显著的特征也容易被忽略。后来的事实证明，物种的起源和进化，就是一个历来被人们所忽略的现象。

　　1831年8月，亨斯罗教授收到了天文学教授皮克的来信，请求他推荐一位博物学家参加贝格尔号军舰的考察。由于预定考察的时间长达3年，而达尔文是当时惟一的一位有充裕时间参加考察的候选人。于是，达尔文被选中了。达尔文的家人当然不同意达尔文参加瀚海考察。达尔文经过再三犹豫后，决定参加考察。当时"贝格尔"号的使命是研究和勘察南美洲的东西海岸，为英国夺取南美洲的市场积累情报资料。达尔文本人与这项"崇高的"使命毫无关系。那次考察比预定的时间长了两年。乘"贝格尔"号舰的这次旅行，对达尔文来说，最终决定了物种进化论的诞生。

　　在长达5年的考察中，达尔文有充裕的时间离开"贝格尔"号舰考察沿途的动植物，在巴西和智利，他还曾深入这两个国家的腹地旅行考察。在考察的第二年，达尔文读了亨斯罗教授寄给他的赖尔的《地质学原理》第二卷。这本书从第一章起就分析了一个后来很快就成为达尔文研究的基本问题——物种问题。赖尔探究了物种变异性的程度，物种间的杂交，由于受外部条件的影响而发生的变态的遗传性，以及后来作为对进化论论据的一些胚胎发育阶段的理论。赖尔还叙述并批判了拉马克的进化论，提到了生物之间的生存竞争，最后阐述了他自己对新物种产生和旧物种消失的见解。这些思想深深地影响了年轻的达尔文。

随后，在离美洲西海岸很远的加拉帕戈斯群岛上，达尔文考察了当地的鸟类与爬行类动物，发现那些鸟类和爬行类与560海里（1海里＝1.852千米）外的南美洲相似。按照当时博物学家们所固有的观点来看，动物和植物是由"理性的始因"为它们所生存的那一环境而创造的。根据这一观点来看，在这些离大陆很远的土壤性质相同的热带岛屿上的动物和植物，都应当是相同的，即使这些岛屿彼此距离很远（像佛得角群岛和加拉帕戈斯群岛那样）也是如此。但是达尔文吃惊地发现情况并不是这样，恰恰相反，位于热带美洲以西的加拉帕戈斯群岛上的动物和植物，却与美洲的形态接近。而佛得角群岛上的动物和植物则与非洲大陆接近。同时，虽然岛屿上的动物和植物与靠近大陆的动物和植物接近，但是它们又具有不同的特点。于是，他产生了一个疑问，为什么生长在加拉帕戈斯群岛上的生物与美洲类型的生物相似呢？它们是由共同的祖先产生的吗？

在贝格尔号的航行考察中，达尔文见到了许多他以前从来没有见到的奇异景观和生物。考察队多次上岸考察，达尔文采集了大量动植物的标本。达尔文在《航海日记》中详尽记录了他乘贝格尔号考察途中的所见所闻。

达尔文回到英国19年之后才出版了《物种起源》一书。《物种起源》的出版是一件具有世界意义的大事，影响了19世纪人们对生物界和人类在生物界中的地位的看法。剑桥大学因此而授予了达尔文哲学博士学位。严复曾以"物竞天择，适者生存"这八个字高度地概括了达尔文的物种是可变的、物种是进化的理论。

自达尔文以后，生物进化的观点开始进入生物分类学，林奈创立的人为分类系统被自然进化分类系统取代，自然分类系统逐渐发展起来。从那以后的生物分类学家们，更多地着眼于生物界不同类群的起源、亲缘关系和进化规律，而不仅仅根据生物外观形态的相似性进行动植物分类。

20世纪以来，生物化学与分子生物学手段给生物分类学带来了技术革命。20世纪后期，生物学家开始用生物体内的DNA分子结构的相似性进行生物分类学研究，在以标本为分类依据的时代，植物的亲缘关系大多只能从形态上分析。分子生物学实验技术介入分类学之后，能快速地确定物种之间的亲缘关系。以往用实验方法确定物种之间的亲缘关系，需要将两种植物进行杂交，获得种子并种植种子成活后，才能进行判定。这种方法耗时较长，生物因为空间隔离、实验条件等因素的限制而常常不能进行杂交，而用分子生物学技术可以比较生物之间的DNA的同源相似性。

三、物种的概念

从林奈开始，我们确定了自然界是由物种组成的；从达尔文开始，我们知道物种是不断演化的。然而，对于物种的标准，即如何定义物种，生物学家们仍争论不休，无法统一标准。直到今天，物种仍是生物学中最具争议的一个概念。然而，物种是生物世界的基本结构单元（表1-1）。

现代普遍接受的物种定义为：物种是一级生物分类单元，代表一群形态上、生理、生化上与其他生物有明显区别的生物。通常这群生物之间可以交换遗传物质，产生有生育能力的后代。这种定义也称为生物种定义，或生殖种定义。

表 1-1　生物世界的基本结构层次

分类阶元	人的地位
界	动物界
门	脊索动物门
纲	哺乳纲
目	灵长目
科	人科
属	人属
种	人种

物种与物种以上分类单元不一样，是一个可以随时间而变化的个体集合，是真实的存在。物种是生物多样性，即遗传多样性、物种多样性和生态系统多样性中的基本层次。

到目前为止，读者可能会问：生物为什么以物种存在？

物种是生物对环境异质性的应答，是生物进化的基本单元，是生态系统的基本功能单元。最重要的一点，生物物种的不连续性抵消了有性生殖所带来的遗传不稳定性。所以，生物以物种存在。

然而，物种是一个颇有争议的概念。从达尔文时代开始，物种的概念一直在演化。尽管我们强调生物种的概念，但是在实践中以生殖隔离来区分物种常常是不可取的。然而，若不以生殖隔离来区分物种，物种的分类只能依靠专家的经验标准。在不同的动物类群中，分类学家划分物种的标准不同，大家无法统一物种的标准。现在除了生物种概念以外，还存在模式种、生态种、时间种、分支种等物种概念。

模式种概念：源于柏拉图（Plato，古希腊哲学家，公元前427～前347年）和亚里士多德的哲学思想，即宇宙的多样性是存在宇宙中的有限数目的"模"。每一个种有标准的形式，即所谓的形态"模"。

唯名论种概念：达尔文在《物种起源》一书中有如下描述"物种这个名词，我认为完全是为了方便起见任意用来表示一群相互密切类似的个体的"。看来，即使专门研究物种起源的达尔文对于物种概念的实质也是不清楚的。

群体种概念：生物种是一些具有形态和遗传相似性的种群组成，种内个体的相似性大于种间个体的相似性。

表型种概念：生物种是表型上能识别的生物个体的集合。

生态种概念：物种是生态系统的功能单元，每个物种占据一个生态位。

时间种概念：当一个物种的后代随着时间的演化，当表型的差异足以区别与其祖先区别时，那么，一个新的时间种形成了。

分支种概念：针对物种在空间上是间断分布的而在时间中是连续的之悖论，德国动物学家威利·亨尼希（Willi Hennig）及他的追随者建立了支序理论(cladistic theory)，他认为与其将生殖隔离作为种的标准，不如将生物进化每个分支事件，即两个线系的衍征产生作为物种的识别标准。

四、威尔逊的故事

在20世纪中叶，人们从物种的认知发展到对物种之间亲缘关系的研究，又发展到对物种保护的研究。

20世纪初，爱德沃德·威尔逊出生在美国的东海岸阿拉巴马州。威尔逊（图1-7）后来在他的那本自传《自然博物学家》中，描述了他怎样从一位留恋海滩、溪流、草丛、树林的淘气少

图1-7　爱德沃德·威尔逊

年成长为一位自然博物学家的。尽管热爱鸟类，威尔逊发现了他的先天不足，"除非一只鸟在我耳边鸣叫，我分辨不出鸟的种类"。更糟的是，少年威尔逊钓鱼时被鱼鳍刺伤了眼睛，使视力受损。大家知道良好的听力与视力对于从事野外工作的生物学家是多么的重要。于是，看来威尔逊与大自然无缘了，与自然博物学家无缘了。然而，威尔逊偏偏成为了当代一位伟大的自然博物学家。他发现了一个他可以投入毕生精力的生物类群，那就是蚂蚁。世界上蚂蚁种类众多、分布广、容易观察，于是，威尔逊选择了蚂蚁作为研究对象，他与蚂蚁结下了不解之缘。他曾经开玩笑地说，每一个人一生中都曾经历过一个玩虫的年代，但是只有他是例外，他从来没有长大过，一直处于玩虫的年代。威尔逊在大自然里发现了蚂蚁的许多奥秘，如蚂蚁的社会结构与蚂蚁的外激素等。

威尔逊不但完成了许多科学论文，还发表了许多精美的科普作品（图1-8）。他写的《蚂蚁》（改编的通俗版本为《蚂蚁的故事》）一书获得了一般只授予文学作品的普利策奖。更可贵的，威尔逊从研究蚂蚁这类社会性昆虫着手，对人类本性和社会生物学进行了可贵的探索。大自然灵感使威尔逊始终站在现代生物学研究的前列，他与麦克阿瑟一道开创了岛屿生物地理学的研究。从20世纪70年代开始，威尔逊开始关注物种的保护。在野外考察中，威尔逊不断发

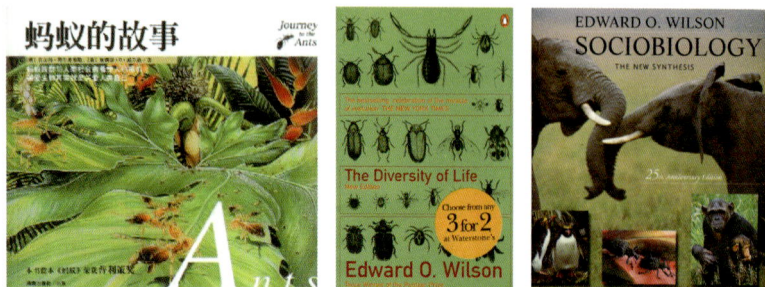

图 1-8　威尔逊的著名著作
（从左到右：《蚂蚁》、《生命的多样性》和《社会生物学》）

现一些过去十分常见的物种变得数量稀少，甚至完全消失。于是，威尔逊倡导发起了生物多样性与保护生物学的研究，从那时起，他一直走在全球物种保护运动的前列。1992年，威尔逊出版了《生命的多样性》一书。他指出人类活动对生物物种的威胁正在导致第6次大灭绝，一次自恐龙灭绝后规模最大的物种灭绝事件。他在《生命的多样性》一书中，指出目前我们仅认识150万个物种，这只是生命世界的极小一部分。他预言到21世纪中叶，地球上30%～50%的物种会灭绝。威尔逊的过激预言引起人们的争议，但也敲起了警钟，激发了人们对生物多样性问题的关注。

第二章 全球与中国的物种

40亿年前，海洋开始孕育生命物质，地球生命的脉搏开始跳动。亿万年来，生命不断产生、进化，又不断衰退、灭亡，经历了沧桑巨变，最终演化形成了今天地球上这一生机勃勃、繁花似锦的生命格局。

一、世界上有多少物种？

"世界上有多少物种"这个问题是著名理论生态学家罗伯特·梅的一篇著名论文的标题。令生物分类学家难堪的是，我们还不知道目前地球上生物物种的确切数目。全世界大约有1300万至1400万个物种，但科学家描述过的仅约有175万种(Watson等，1995) (表2-1)。实际上，科学家描述过的物种和被认为是有效物种的准确数目对大多数类群来说是不清楚的(May, 1992)。人们对高等植物和脊椎动物

表 2-1 全球主要类群的物种数目 (Watson 等，1995)

类群	已描述的物种数目（万种）	估计可能存在的物种数目（万种）
病毒	0.4	40
细菌	0.4	100
真菌	7.2	150
原生动物	4.0	20
藻类	4.0	40
高等植物	27.0	32
线虫	2.5	40
甲壳动物	4.0	15
蜘蛛类	7.5	75
昆虫	95.0	800
软体动物	7.0	20
脊椎动物	4.5	5
其他	11.5	25
总计	175.0	1362

的了解相对比较清楚，对其他类群如昆虫、低等无脊椎动物、真菌等次之，最不了解的还是微生物。对某些已经描述过的类群，物种数目是相对准确的。如到1991年已记录的细菌有3058种，但仍然有很大一部分细菌没有被记录(WCMC, 1992)。即使已经记录的物种，不同的分类学家的分类标准不完全相同，所以，不同的分类学家估计的物种数目不同。每年世界上都有新的物种被发现。哺乳动物是一个研究得较为深入的类群，但1992年5月在越南的原始森林中仍然发现了一个新属*Pseudoryx*。几乎是在同一时间，在纳米比亚的热带雨林中也发现了紫葳科的一个新属*Exarata*，是当地森林建群种(Raven, 1993)。May（1992）发现，从长度为10米到长度为1厘米的动物长度每减少十分之一，物种数目将增加100倍。如此看来，我们对昆虫、低等无脊椎动物等的物数目了解还远远不够。

二、中国有多少物种？

我国疆域辽阔，地形气候复杂，南北跨越寒、温、热三带，生态环境多样，孕育了丰富的物种资源。同时，由于中国具有独特的自然历史条件，特别是第三纪后期以来，中国的动植物区系受冰川影响较小，保留了许多北半球其他地区早已绝灭的古老孑遗和残遗的种类(吴征镒，1980)。中国动植物区系具有自己的特色。

表 2-2　各生物类群中，中国已知物种数及占世界已知物种的比例

类　群	中国已知种数	占世界已知种数的百分比
哺乳动物	607	14.1
鸟类	1332	14.6
爬行类	376	5.9
两栖类	279	7.4
鱼类	3862	13.1
昆虫	51 000	5.5
高等植物	30 000	10
真菌	7500	11
细菌	500	16.7
病毒	600	12.0
淡水藻类	9000	36

　　我国是生物多样性丰富的国家之一，从已记录的物种数目上来看，中国哺乳类物种数目居世界第3位，鸟类物种数目居世界第10位，两栖类物种数目居世界第6位，种子植物物种数目居世界第3位。即使如此，新分类群和新记录仍在不断被发表和增加。各类群研究工作的深度和广度已差异很大，如占生物界56.4%的昆虫（表2-2），估计在中国有15万种以上的昆虫，而已定名的只有5万1千种左右，约占总数的四分之一(陈灵芝，1993)。相对来说，哺乳类、鸟类、爬行类、两栖类及鱼类，苔藓、蕨类、裸子植物和被子植物中已知种数较为清楚（贺金生、马克平，1997）。

第三章　物种瑰宝

中国有独特的地理环境，广阔的国土面积，多种多样的生境条件，产生了许多特有物种，还有一些物种主要分布在中国。

一、中国特有植物

中国有许多特有植物，其中著名的有桫椤、荷叶铁线蕨、银杉、水杉、崖柏、鹅掌楸、宝华玉兰、连香树、秦岭冷杉等。

1. 桫椤

桫椤(*Alsophila spinulosa*)，属蕨类植物桫椤科。

桫椤（图3-1），又名树蕨、蕨树、水桫椤、刺桫椤，为白垩纪时期遗留下来的珍贵树种，是现今仅存的木本蕨类植物。根据化石记载，桫椤出现在距今约3亿多年前的中生代早侏罗纪或晚三叠纪，比恐龙的出现早一亿五千多万年。桫椤在中生代中期曾广泛分布，极为繁盛，是恐龙时代常见的植物。距今1.6亿年到1.3亿年前，桫椤繁盛，是当时草食性恐龙等大型动物的重要食物。植物学家认为，桫椤这一植物家族曾经造就了地球生命史上辉煌的恐龙时代。

后来由于地质变迁和气候变化，特别是第四纪冰期的影响，大量桫椤种类绝灭，桫椤分布区也大幅度收缩。最后桫椤仅残存于热带和亚热带中某些环境特别适宜的"避难所"。恐龙早在7000万年前就已经灭绝，然而桫椤家族的一些成员至今仍生长在热带、亚热带的局部地区。故桫椤又有"活化石"之称。

图 3-1　中华桫椤 （谢宗强摄）

　　桫椤科在全世界共有6属500余种，产于热带亚热带山地。根据目前比较权威的研究结果，我国有2属、14种和2变种，分布于西南和华南地区。我国桫椤科的种类虽然不多，但地处该科植物分布的北缘，其种类和分布有一定的特色。

　　桫椤在尼泊尔、锡金、不丹、印度、缅甸、泰国、越南、菲律宾和日本南部有分布。在我国主要分布于福建、台湾、海南、广东、广西、贵州、四川、云南、西藏等省(自治区、直辖市) 80多个县，总体分布呈斑块状。以四川、贵州和重庆三个地区的交接处最为集中，数量最多，著名的贵州赤水桫椤国家级自然保护区以及四川自贡金花乡的"桫椤谷"就位于这一带。其次，桫椤在广西和云南也有大片集中分布，桫椤在其他地方分布较为分散，居群规模小。总的来说，桫椤分布范围日趋缩小。

　　桫椤是孑遗植物中蕨类植物的代表。在绿色的植物王国里，蕨类植物是高等植物中较为低级的一个类群，亦称为羊齿植物。在远古时，蕨类植物原本大都是些高大的树木，后来它们中的大多数被深深地埋在地下变成了煤炭。现今生存在地球上的大多是较矮小的草本植物，只有极少的一些木本种类幸免于难，生存至今，桫椤便是如此。桫椤的树干呈圆形，有点像椰子树，叶形如凤尾，株形亭亭玉立，根细长，无主根，有疏刺或布满六角形的斑纹，中部以上有明显的变形叶痕交错排列，深褐色或浅黑色，外面坚硬，且有老叶脱后痕迹，而长的羽状复叶，向四周伸展，远看像一把大伞，撑在地面之上。

　　桫椤的生境类型较为单一，多生长在沟深谷狭、温暖潮湿的环境，垂直分布一般在海拔400～900米，最高可达 到1500～1600米，最低150米。相对湿度80%以上，年平均气温15℃，年平均降水量1000毫米以上。适生的土壤为酸性砂质壤土，pH值为4.5～5.5。砂质土壤有利于桫椤在高温高湿的条件下，保持通气、透水，保证根系的正常发育。

　　桫椤群落中的乔木层以樟科、山矾科、杜英科、山茶科、大戟科、金缕梅科植物等占优势。物种组成地理成分以热带科和温带科为主，并有明显偏向热带分布类型的过渡性质。桫椤林内物种丰富，并有很多古老和稀有的成分。在被称为"植物避难所"的贵州省赤水桫椤国家级自然保护区133平方千米的范围内，2万多株桫椤在原生环境中与其他多种动植物同沐风雨、共生共荣，种群分布集中，生长良好，结构典型，类型多样，以树形优美多姿，苍劲挺拔蜚声海内外。双株并生桫椤、主干双叉、三叉等奇异株型桫椤随处可见。这一保护区位于北纬28°23′~28°27′，是目前我国已知的桫椤最北分布地之一。广西植物、林业专家在百色地区靖西县底定保护区发现，桫椤分布面积达1000公顷，总株数多达6万多株，数量当属世界之最。

桫椤依靠孢子进行繁殖，孢子可保存多年仍不丧失萌发能力，但孢子萌发和配子体发育及其配子的交配都需要温暖、湿润的环境。在天然林的自然环境下，只要加强水分管理，保持高湿、荫蔽的条件，幼苗能快速生长。自然环境繁殖的幼苗，生命力强，适应各类不同的环境，移植成活率高。

1984年国务院环境保护委员会将桫椤列入我国第一批一级重点保护植物。在《国家重点保护野生植物名录》中，桫椤科所有种全部列为二级保护植物；在《濒危野生动植物种国际贸易公约》附录中全部列为附录Ⅱ物种；在根据新的《中华人民共和国森林法》第三十八条制定的《国家禁止、限制出口的珍贵树木名录》中桫椤所有植物全部列为限制出口的树种。

桫椤的致濒因素一是种内遗传多样性匮乏导致其种群适应能力单一和竞争能力弱，营养生态位和空间生态位狭窄；二是自然环境变迁和人类活动干扰导致其适宜生境的锐减。对于这样一个脆弱的濒危物种，在人工繁殖和组织培养技术的辅助下，就地保护仍是最为有效的保护途径。目前国内各桫椤自然保护区的保护成效显著，基础和应用研究正在逐步深入。

2. 荷叶铁线蕨

荷叶铁线蕨（*Adiantum reniforme var.sinense*）（图3-2），是铁线蕨科铁线蕨属的多年生常绿草本状蕨类植物，由林尤兴于1980年正式定名发表。它是肾叶铁线蕨的一个地理变种，为铁线蕨科植物在亚洲分布的唯一的单叶型植物。1978年，首次在我国重庆市万州区发现。在此之前，整个亚洲分布的铁线蕨属植物全部为复叶类型。

荷叶铁线蕨断断续续分布在东起万州区、西至石柱县西沱区沿江近100千米长，向两岸纵深3～5千米的狭长地段（约东经107°50′～108°21′，北纬30°20′～30°50′），分布高度局限于海拔80～430米。即使是在如

图3-2　荷叶铁线蕨（谢宗强摄）

此狭窄的范围内，也仅仅是在那些陡峭的崖头和不能耕作的岩石出露地才有它的分布。荷叶铁线蕨是三峡库区的地方特有植物，也是第一批正式公布的国家二级重点保护植物和《中国植物红皮书》收录的濒危植物之一。

荷叶铁线蕨为常绿草本植物，一年四季均有新叶发生、老叶枯萎。由于它植株较小，常栖身于其他植物之下，只有在晚秋以后，当其他植物停止生长、干枯叶落时，荷叶铁线蕨才崭露头角。这时的群落外貌在颜色上就呈现出枯黄与淡绿交互排列的特征。而在春夏时节，植物生长旺盛时很难在群落外貌上发现荷叶铁线蕨。

荷叶铁线蕨根状茎短而直立，单叶簇生，叶片圆肾形，叶柄亮黑，小巧别致，可供观赏；还具有重要的药用价值，全草入药能清热解毒、利尿通淋、治黄疸型肝炎、泌尿系统感染、尿路结石、中耳炎等症。

三峡大坝建成蓄水后，水面将升至175米。成片分布的荷叶铁线蕨多在海拔300米以下，三峡水库将淹没175米以下荷叶铁线蕨的原产地。对荷叶铁线蕨的保护应遵循采取多途径保存，野外保存、异地保存（植物园、基因圃）、设备保存相结合的原则；优先保护175米线下的荷叶铁线蕨，强化野外和植物园保存的栽培和管理技术。

3. 银杉

银杉（*Cathaya argyrophylla*）隶属松科银杉属。

银杉（图3-3）是一种古老的孑遗植物，在植物分类学的拉

丁学名中，银杉的属名 *Cathaya*，译成中文是"华夏"的意思。从这个属名就可以看出银杉在人们心目中的重要位置。银杉是松科的常绿乔木，主干高大通直，挺拔秀丽，枝叶茂密，尤其是在其碧绿的线形叶背面有两条银白色的气孔带，每当微风吹

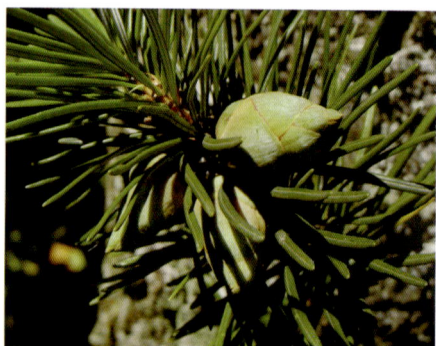

图 3-3　银杉（谢宗强摄）

拂，便银光闪闪，更加诱人。银杉的美称便由此而来。银杉是国家一级保护植物，是各国植物学界公认的世界的最珍贵的植物之一，被赞誉为"活化石"和"植物中的大熊猫"。远在地质时期的新生代第三纪时，银杉曾广布于北半球的欧亚大陆，在德国、波兰、法国及前苏联曾发现过它的化石。但是，距今200万年至300万年前，地球发生大面积冰川，几乎覆盖整个欧洲和北美。但有些地理环境独特的地区，没有被冰川覆盖，而成为生物的避难所，银杉就在这样的地区被保存了下来，成为历史的见证者。

　　银杉在我国首次发现的时候曾引起世界植物界的巨大轰动。1955年夏季，我国的植物学家钟济新带领一支调查队到广西桂林附近的龙胜花坪林区进行考察，发现了一株外形很像油杉（*Keteleeria*）的苗木，后来又采到了完整的树木标本。他将这批珍贵的标本寄给了陈焕镛教授和匡可任教授。经他们鉴定，这种植物应属松科植物，但其形态特征又与松科其他属植物有明显的区别，因此应该定为松科植物的一个新属、新种。考虑到这是我国新中国成立后第一次发现的松杉类植物的特有种，有美丽的银白色的树冠，就给它取名为银杉，用"*Cathaya*"（华夏）作银杉的拉丁属名，用argyrophylla（银色的叶）作银杉的种名。同时，他们还找到了一份1938年杨衔晋教授采自四川南川县金佛山，几乎和银杉完全一样的枝叶标本。他们反复研究，定为银杉属的另一新种，即南川银杉（*Cathaya nanchuanensis*）。1957年，陈焕镛教授在苏联植物学年会上宣读了他们的论文《中国西部南部松科新属——银杉属》，

并于1958年在苏联《植物学杂志》上正式发表。1959年，郑万均教授等在编写《中国植物志》第七卷时，反复研究了南川银杉标本后，将南川银杉并入银杉。1961年，陈、匡两教授同意这一意见。次年，他们在国内刊物上首次报道银杉属的论文《银杉——我国特产的松柏类植物》中，将南川银杉正式予以归并。

银杉正式发表后，其野生资源不断被发现，并以银杉为保护对象，成立了不同级别的保护区。花坪自然保护区是我国于1961年建立的第一个银杉保护区，面积为15 100公顷，区内的悬崖陡坡上，大大小小的银杉1000余株，分布在6个点上，最多的一处有300多株。自1979年以后，在湖南、四川和贵州等地又发现了2000余株。尤其是1986年，在广西金秀县发现的银杉，是世界上纬度最低的银杉群落，并且其中一株高达31米，胸径80厘米，树龄500多年，被公认为银杉之最。到目前为止，银杉国家级保护区有3个：广西花坪自然保护区，广西大瑶山自然保护区，重庆金佛山自然保护区；省级保护区有1个：贵州大沙河自然保护区；县级保护区有3个：贵州桐梓白菁自然保护区，湖南沙角洞自然保护区，湖南顶辽自然保护区。

1984年国务院环境保护委员会将银杉列入我国第一批一级重点保护植物。在《国家重点保护野生植物名录》中，银杉列为一级保护植物。在《濒危野生动植物种国际贸易公约》附录中银杉列为附录Ⅱ物种。在根据新的《中华人民共和国森林法》第三十八条制定的《国家禁止、限制出口的珍贵树木名录》中银杉列为限制出口的树种。

4. 水杉

水杉（*Metasequoia glyptotroboides*）（图3-4），隶属于杉科，是著名的杉科孑遗植物。水杉被世界植物学界誉称"活化石"。1948年，水杉的发现在世界植物学界引起轰动。水杉的自然居群仅在四川、湖北、湖南3省交界处发现。由于水杉独特的发现历史和命名过程以及较为完整的化石记录，该种自发表以来一直为生物学家所注目。目前，水杉已被遍布全球50多个国家和地区先后引种栽培。

水杉属植物起源于北极圈附近，经历漫长的地史时期，逐渐扩散到亚洲的西伯利亚东北部及北美洲的阿拉斯加西北部。至第四纪更新世，气温大降，北半球气候变得十分寒冷，冰川多次降临，中欧为整块巨冰所覆盖，水杉荡然无存，仅在我国亚热带残存。

水杉天然分布于湖北星斗山国家级自然保护区，保护区总面积6.8万公顷。水杉母树集中出现在保护区西部的小河片。1973年，利川县人民政府在水杉原生古树分布比较集中的小河设立"利川县水杉管理站"。后几经更名，现为"湖北星斗山国家级自然保护区病虫害防治检疫站"，专门从事水杉母树的保护和研究工作，先后4次对水杉原生古树进行普查：1972～1974年对全县境内的水杉原生古树进行

图3-4　水杉（赖江山摄）

了全面摸底调查；1978年对第1次普查进行了补充调查；1982～1983年对5746株水杉母树进行了系统地编号、挂牌、登记、建档等工作；2004年对胸高直径在20厘米以上的水杉树实测其树高、胸径、冠幅、枝下高、病虫害及机械损伤等，进行调查登记建立水杉管理档案。星斗山自然保护区内现有水杉母树5366株。

水杉种群的自然更新较好。水杉在河谷两旁与一些阔叶树种混生形成水杉针阔混交林，一般混交林中有大量的水杉幼苗和幼树。由于强烈的人为干扰，这种优越的自然条件已经丧失殆尽：在5366株母树中，仅有3株分布在树林中，大部分母树是分布在草丛中的；在所有结实水杉母树中，大约半数的结实状况差或较差。有2 870株水杉分布在距农舍20米以内的，605株分布在5米以内，183株分布在2米以内，有4株水杉被农舍包围在民房中间，已有8株古水杉树被农舍煤烟污染致死。

水杉资源保护工作近年来在国内有很大进展，但与国外对水杉的研究相比还有差距。自1947年底到1948年初水杉种子寄往世界各地。现在水杉已经成功地在南美洲、北美洲、非洲、大洋洲、欧洲和亚洲各国安家落户。水杉经过半个多世纪的大规模引种栽培已经培养出很多栽培品种，全世界目前已经注册的品种至少20个。然而这些注册的品种中没有一个来自水杉原产地中国，不能不说是我们植物学界与园艺学界的遗憾。

2002年8月9日至12日，来自中国、美国、瑞士等国家的科研机构和大学的50多名专家，在全球唯一现存的水杉原生栖息地湖北省利川市经过3天的实地考察，发现由于人为干扰、破坏及病虫害危害，以及保护资金的短缺，导致"植物活化石"水杉生态环境恶化，水杉母树变老，天然更新困难。中国政府对水杉的保护取得了巨大成绩，但过去只重视对个体的保护，忽视了对群落及其栖息环境的保护，导致水杉由混交林变为纯林、结构趋于简单、生物多样性减少、天然更新困难，亟需对水杉原生种群及其栖息地进行保护。专家们呼吁要像保护大熊猫一样保护水杉，并发出倡议，尽快建立国家级自然保护区和水杉保护基金会加强对水杉的保护。

1984年国务院环境保护委员会将其列入我国第一批一级重点保护植物，世界保护监测中心(WCMC)将水杉濒危等级定为E级(濒危)，国际松杉类植物专家组(CSG)划分为2级，《中国植物红皮书》列为R级(稀有)。

5. 崖柏

崖柏(*Thuja sutchuenensis*) (图3-5)为柏科崖柏属常绿乔木。

崖柏属在全世界仅存5个间断分布的物种。北美香柏（*Thuja occidentalis*）产于美国东部，北美乔柏（*Thuja plicata*）分布在美国和加拿大西部，日本香柏（*Thuja standishii*）特产于日本，朝鲜崖柏（*Thuja koraiensis*）分布在我国东北长白山和朝鲜半岛，这4个物种在世界范围内广泛栽培，已成为常见的园林植物和造林树种；惟独崖柏残存于重庆市大巴山区，近来被国际学术界评估为世界上最稀有的树种之一，定为极危等级。

1892年4月9日，法国传教士Farges在大巴山腹地的城口县东南

图3-5　崖柏（赵常明摄）

部海拔 1400米处的石灰岩山地首次采获了崖柏这种植物标本。7年后，这号标本(编号：Farges 1158)成为新种的模式标本，收藏于法国巴黎自然博物馆。后来，Farges于1895年、1900年在城口采获崖柏标本，送法、英4个标本馆收藏。但此后的近百年中，虽有人多次前往产地调查，均未发现其踪迹。1998年世界自然保护联盟(IUCN)公布的1997年度世界受威胁植物红色名录中，将崖柏列为已灭绝的3种中国特有植物之一。值得庆幸的是，1999年10月，重庆市林业局组织的国家重点保护野生植物调查队在城口县又重新发现了其踪影，并将采到的带有球果的标本送到我国植物研究的权威机构——中国科学院植物研究所。经过该所的专家鉴定证实，这种采自大巴山区的植物就是已经消失了100年的崖柏，该标本现收藏于中国科学院植物所标本馆。2000年，《植物杂志》第3期发布公告"崖柏没有灭绝"。消息传出，立刻引起了学术界震动。世界著名裸子植物学家、IUCN针叶树专家委员会主席Aljos Farjon专程赶到北京，对植物标本进行再次鉴定。随后，他向全世界宣布了崖柏没有灭绝的消息。2003年世界自然保护联盟(IUCN)重将其评为世界级极危物种。

1999年，重庆市城口重新发现崖柏野生植株，从此改写了崖柏的历史，也掀起了探寻崖柏资源的热潮。2002年，重庆开县也发现野生崖柏。2005年4月11日，四川省万源市花萼山自然保护区采集到崖柏标本，经四川省自然资源研究所鉴定确认后，保护区管理处广泛深入地展开了调查工作，寻找崖柏分布区域，后在保护区东南角又发现大面积崖柏集中分布区。据初步估算，花萼山现存崖柏5000株以上，集中分布在大约130公顷的区域内。这些崖柏已有数百年的树龄，都生长在距地面数十米、上百米的悬崖峭壁的崖缝中，由于养分稀少，绝大多数崖柏都不到10厘米粗细，高度也不到3米。花萼山自然保护区发现的崖柏林是已经发现的较大的崖柏种群。

在就地保护崖柏资源的同时，对崖柏种群的繁殖研究也取得了可喜的结果。将崖柏枝条剪成10厘米长的枝条，直接扦插于常温的蛭石中，插条生根率为65%；扦插于18~20℃的温室中生根率为78%。两种扦插的成活植株生长良好。可见，用扦插繁殖法繁殖崖柏是可行的，为这种分布狭窄、数量稀少的植物的保护打下了坚实的基础。

6. 鹅掌楸

鹅掌楸属(Liriodendron)为木兰科大型落叶乔木，现存2个种，即北美鹅掌楸(Liriodendron tulipifera)和中国鹅掌楸（Liriodendron chinense）。

鹅掌楸（图3-6），别名马褂木，落叶乔木。树冠圆锥形，树皮淡灰色，光滑。单叶互生，上部截形或微凹，两侧各具一凹裂，叶形酷似马褂。中性偏阴性树种，喜温暖湿润气候。能耐零下(-15℃)低温。不耐干旱贫瘠，忌积水。鹅掌楸树形端正挺拔，气势雄伟，叶形奇特，秋叶金黄，花大而秀丽，为良好的庭荫树及行道树。

鹅掌楸属植物在第三纪广布北半球，在欧洲一直生存至更新世。在格陵兰、意大利和法国的白垩纪地层中均发现有鹅掌楸化石。由于晚第三纪喜马拉雅造山运动，鹅掌楸属植物分布形成空间隔离。第四纪冰川使鹅掌楸在欧洲大陆绝灭。北美鹅掌楸地跨佛罗里达、佐治亚、亚拉巴马、密西西比、路易斯安那、阿肯色、田纳西、南卡罗来纳、北卡罗来纳、弗吉尼亚、肯塔基、伊里诺斯、俄

图 3-6　鹅掌楸（谢宗强摄）

亥俄、密执安、宾夕法尼亚、马里兰、特拉华、新泽西、纽约、康涅狄格、罗德艾兰、马萨诸塞等23个州。中国鹅掌楸为星散间断分布，其分布区的东界为浙江省青田县，约120°17′E，西界为云南省金平县，约103°15′E，北界为陕西省紫阳县，约32°38′N，南界位于云南省金平县，约22°37′N。1984年国务院环境保护委员会将其列入我国第一批二级重点保护植物，《中国植物红皮书》将其列入稀有类。

　　中国鹅掌楸在森林群落中，常为伴生种或偶见种，天然更新不良。在现有的鹅掌楸种群中，大部分个体数量很少，大都是些残存的鹅掌楸种群。这些残存鹅掌楸种群的原生境，早已遭到破坏。有许多残存鹅掌楸种群仅仅是因宗教原因或当地群众的习俗而被保留在农业用地之中，已无原生境可言。纵有一些受人为干扰较小，近于原生状态的种群，均为含10～20株鹅掌楸大树的种群，与阔叶林或竹林混生。中国鹅掌楸在安吉县龙王山分布一个近百株的天然种群，属于较大种群。其余分布点鹅掌楸零星稀少。一般认为鹅掌楸受威胁的原因不是生态适应性问题而是生殖生物学方面的障碍。这种生殖障碍与该物种受到环境压力、种群被挤压到较高海拔的环境之中有关。

7. 连香树

连香树(*Cercidiphyllum japonicum*) (图3-7) 系连香树科落叶大乔木，东亚著名孑遗植物之一，对研究植物区系有重要意义。

连香树科仅有连香树属，共2种。该属是东亚植物区系的特有属。连香树产我国和日本，大叶连香树(*C. magnificum*)产日本。该属最初(1846年)由Siebold和Zuccarini建立，在1900年由Van Tiedgham升为连香树科。自该属、科建立以来，其分类系统位置始终存在争论。较早如Baillon认为连香树属与金缕梅科近缘，Maximowiez认为连香树属与木兰科近缘。

连香树在上白垩纪和第三纪曾广泛分布北半球，在第四纪冰期后分布区急剧缩小，现星散分布于日本和我国的山西、陕西、河南、甘肃、安徽、浙江、江西、湖北和湖南等省。连香树垂直分布范围广，最高海拔可达3500米，最低200米，一般以海拔1000~1500米的沟谷地带生长最好。连香树分布区具有四季分明，夏秋多雨，冬春干暖。多数地区雨量多，湿度大。年平均气温10~20℃，年降水量500~2000毫米，平均相对湿度80%。土壤为褐色森林土、棕色森林土、黄棕壤及红黄壤等，呈酸性。由于现存数量有限，加之人类破坏十分严重，已濒临灭绝状态，因此，连香树被列入《中国珍稀濒危植物名录》、《中国植物红皮书》和第一批《国家重点保护野生植物名录》，是国家二级重点保护野生植物种。

连香树材质优良，干形通直，高耸挺拔，树冠开阔，绿荫如伞；枝条炯娜，树形优美；叶片近圆，秀丽别致，尤其在深秋时节，连香树满树金黄色的叶片，与深绿色植物相映成一幅秀丽的自然景色，将人们带入梦幻般的境界。连香树常出现于外貌为落叶阔叶树占优势的落叶阔叶与常绿阔叶混交林中，组成种类有亮叶青冈(*Fagus lucida*)、

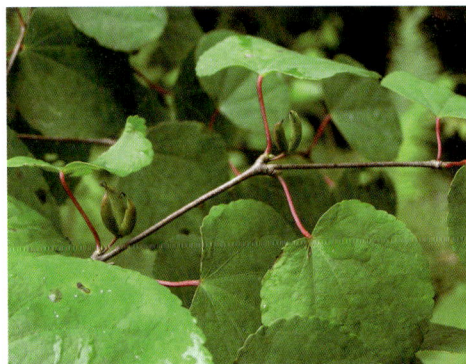

图3-7　连香树（高贤明摄）

水青冈(*Fagus longipetiolata*)、米心水青冈(*Fagus engleriana*)、三峡槭(*Acer wilsonii*)、野茉莉(*Styrax japonica*)、野漆、金钱槭(*Dipteronia sinensis*)、刺叶樱花(*Prunus serrulata*)、椴树(*Tilia tuan*)等。

连香树地理上的星散分布格局是人类活动、农业生产发展和生物物种竞争过程的表现，它们构成了不同程度的生殖隔离，不利于种群之间、分布岛之间和亚区之间的基因之流，是该物种走向濒危的遗传学上的原因。加之生境的改变造成连香树种群的衰退，更为严重的是人为破坏，致使连香树分布区逐渐缩小，日益萎缩。因此，应加强就地保护和自然保护区管理，并积极采取迁地保护。目前已有不少植物园引种栽培连香树。

8. 宝华玉兰

宝华玉兰(*Magnolia zenii*)为木兰科落叶乔木，1935年由著名植物学家郑万钧教授在句容宝华山首次发现，并命名。该种与其近缘种类区别明显，对于研究木兰属的分类系统有一定的意义。

宝华玉兰（图3-8）高约11米，胸径达30厘米，树干挺拔，花大而艳丽，芳香，是珍贵的园林观赏树木。《中国植物红皮书》将其列入濒危类，1999年8月国务院正式批准公布的《国家重点保护野生

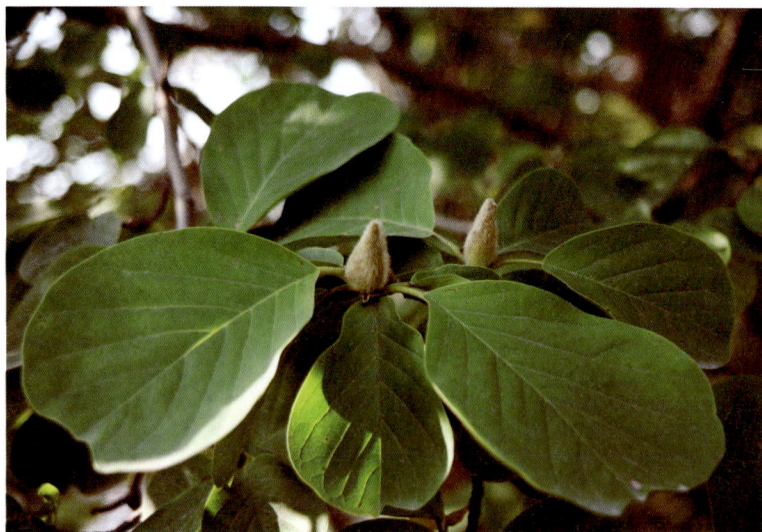

图 3-8　宝华玉兰（谢宗强摄）

植物名录》列为国家二级保护植物。由于林下灌木层不断地坡坏，未见更新苗木。若不采取保护措施，将有绝灭的危险。

宝华玉兰仅产江苏句容宝华山。当地年平均温16℃，7月平均最高温32℃，冬季低温通常-6至-8℃，极端最低温约-14℃，年降水量约900毫米。土壤为沙壤土，呈酸性反应。零星生长在常绿、落叶阔叶混交林中，伴生植物主要有野核桃（*Juglans cathayensis*）、枫香（*Liquidambar formosana*）、榔榆（*Ulmus parvifolia*）、黄连木（*Pistacia chinensis*）或混生少量青冈栎（*Cyclobalanopsis glauca*）和紫楠（*Phoebe shearei*）。宝华木兰早期生长较快，成年树生长缓慢。

1984年建宝华山自然保护区时仅统计到宝华玉兰13株。经过宝华山自然保护区长期定位观测发现，宝华玉兰位于山坡中下部，林地水热条件相对较好。现存宝华玉兰仅分布于宝华山自然保护区内相距不远的3个地段：隆昌寺东北方向的锅底洼海拔190～210米范围内，有成年树24株星散分布，占已发现野生宝华玉兰总株数的70.6%，是宝华山自然保护区的核心区，大华山北坡毛竹林上缘的落叶阔叶林内有7株，隆昌寺西部的秦安也有宝华玉兰成年个体3株，均在国家森林公园范围内。

宝华山自然保护区保护好现存植株，促进天然更新和扩大栽培范围。南京、杭州及上海等地的植物园和园林单位已有引种栽培。

9. 秦岭冷杉

秦岭冷杉(*Abies chensiensis*)是松科冷杉属常绿乔木，为我国特有珍稀濒危植物。

秦岭冷杉（图3-9）主要分布于秦巴山地，集中分布于陕西的秦岭，西北可达甘肃的舟曲、文县、迭部等地，东至河南内乡、湖北的房县、巴东、神农架。一般分布海拔为1700米左右，海拔下限为1350米左右，上限为2500米左右。

秦岭冷杉喜气候温凉湿润、土层较厚、富含腐殖质的棕壤土及暗棕壤土的立地环境，耐寒耐旱性较差，分布区年平均温7.7℃，极端最高温不超过35℃，极端最低温不低于-15.3℃，相对湿度不小于78%，年降水量1347毫米。通常生长于山沟溪旁及阴坡，常与红桦(*Betula albo-sinensis*)、槭（*Acer* spp.）、椴（*Tilia tuan*）、鹅

图 3-9　秦岭冷杉（谢宗强摄）

耳枥（*Carpinus turczaninowii*）、湖北枫杨(*Pterocarya hupehensis*)、野核桃、连香树、水曲柳(*Fraxinus mandshurica*)、华山松（*Pinus armandii*）、铁杉(*Tsuga chinensis*)、云杉（*Picea asperata*）等多种树种构成复层混交林，秦岭冷杉一般不占据优势地位。在郁闭度大的林分中，秦岭冷杉天然更新不良；而在林冠稀疏，排水良好的阴坡或半阴坡的林缘、林窗处，天然更新良好。秦岭冷杉有时可以形成小片纯林群落，在主分布区的秦岭冷杉有5个类型：秦岭冷杉+木蓝(*Indigofera amblyantha*)群落、秦岭冷杉+油松(*Pinus tabulaeformis*)－箭竹(*Sinarundinaria nitida*)群落、秦岭冷杉+锐齿槲栎(*Quercus aliena* var．*acutserrata*)群落、秦岭冷杉+油松+鞘柄菝葜(*Smilax stans*)群落、秦岭冷杉+红桦群落。

　　秦岭冷杉树干高大挺直，为我国开发利用的主要森林资源和建筑用材之一。其树脂可提取精油，是一种很有前途的天然香料，同时具有药用开发价值。秦岭冷杉多数植株常不结实，仅在光照较好处的成龄植株能正常结实。秦岭冷杉有隔年结实的现象，种子易遭鼠类啮食。由于天然更新能力差，加之过度采伐，秦岭冷杉分布面积日益缩小，现多为零散分布。《中国植物红皮书》将其列为渐危种，《国家重点保护的野生植物名录（第一批）》将秦岭冷杉列为国家二级保护物种。

二、中国特有动物

中国有许多特有动物，有些动物虽然不为中国特有种，但是，其大部分或绝大部分个体分布在中国或原产地为中国。其中著名的有扬子鳄、麋鹿、普氏野马、野骆驼、普氏原羚、小熊猫、大熊猫等。

1. 扬子鳄

扬子鳄（*Alligator sinensis*）属于爬行纲鳄目。

扬子鳄（图3-10）已有2亿3千万年的进化历史，有"活化石"之称。扬子鳄曾广泛分布于长江中下游湿地，它是我国特有珍稀野生动物，也是世界上现存23种鳄类中最濒危的物种之一。扬子鳄是国家I级重点保护野生动物，IUCN极危种，CITES公约附录I物种，2001年被列为"全国野生动植物保护及自然保护区建设工程"15大优先保护物种之一。

为了保护扬子鳄及其栖息地，1982年安徽省在皖南山区与长江下游平原结合部建立了扬子鳄省级自然保护区。1986年，经国务院批准，该保护区晋升为国家级自然保护区。扬子鳄国家级保护区地

图3-10 扬子鳄（蒋志刚摄）

跨宣城市广德县、郎溪县、宣州区、泾县以及芜湖市南陵县，总面积433平方千米。多年来，自然保护区在艰苦条件下，开展了大量保护管理工作。在20世纪80年代中期成功实现了扬子鳄的规模化繁育，为我国赢得了良好的国际声誉。然而，由于扬子鳄栖息地位于平原和低山丘陵岗地区，这里人口密集，农业开发强度大，人为干扰严重，因此，尽管自然保护区做了很多努力，但野外扬子鳄种群仍呈持续下降趋势，栖息地不断被蚕食和破坏，片断化和孤岛化现象日益严重，扬子鳄所需水源难以得到保证，食物有效供应不足，种群自然增长乏力。

2005年7～8月，安徽师范大学和安徽扬子鳄国家级自然保护区联合开展了扬子鳄野外资源调查，调查范围涉及宣州、广德、泾县、郎溪、宁国、南陵、芜湖等7个县（区）41个乡镇79个行政村，对119个地点进行了详细调查，其中包括保护区的13个核心保护点。调查队共在11个调查点观察到32只扬子鳄和2005年野外孵化出的66只幼鳄，另外在8个区域发现了有扬子鳄分布的证据。目前扬子鳄的野生种群被隔离在至少19个相互隔离的生境中，其中有6个地点估计鳄数量在5只以上，剩下的13个地点均只有1～4条扬子鳄的小种群。估计野生扬子鳄现有种群不超过120只，比大熊猫的数量少得多，分布面积较之前已大大缩小，在保护区的不少地方已难觅扬子鳄的踪影，保护形势十分严峻。

为了集中有效力量，更加有的放矢地保护扬子鳄及其栖息地，实现扬子鳄野生种群的复壮和保护区事业的持续、全面、协调发展，安徽扬子鳄国家级自然保护区管理处最近对现有保护区的范围和功能区划进行适当调整，对自然保护区的未来发展战略进行了重新定位和规划。

2. 麋鹿

麋鹿（图3-11）属于哺乳纲偶蹄目鹿科麋鹿属。

1985年美国出版了《麋鹿——一个已灭绝物种的管理》一书。为什么对已经灭绝物种还能进行管理呢？原来，当时麋鹿在它的故乡——中国已经灭绝，这一本书谈的是国外在动物园如何管理麋鹿种群的。

图3-11　生活在北京麋鹿苑的麋鹿是中国重新引入的第一批麋鹿（蒋志刚摄）

　　麋鹿是一种喜水的沼鹿。因其长相奇特，面似马非马，尾似驴非驴，蹄似牛非牛，角似鹿角而非鹿角，而被人们称为"四不象"。从中更新世到全新世，麋鹿曾是一个繁茂的物种。据化石出土地点推测，麋鹿曾分布于辽宁以南的广大地区。华南华东的山地、平原和湿地是麋鹿的适宜生境。随着人类活动范围的扩大，麋鹿的分布范围逐步缩小。有人推测野生麋鹿可能灭绝于晚清时期。20世纪末，北京南苑皇家猎苑圈养的麋鹿毁于接踵而来的洪灾和八国联军之役。这时，英国乌邦寺庄园的主人伯德福德公爵收集了当时世界上全部18头麋鹿，将那些麋鹿放养在他的庄园——乌邦寺中。乌邦寺的麋鹿种群是当时世界上唯一的麋鹿种群。乌邦寺是英格兰中部的一处大庄园，面积达15.5平方千米，为麋鹿提供了充足的食物和生存空间。有趣的是那些麋鹿种其中只有11头麋鹿有繁殖能力。麋鹿很快适应了英格兰的气候，开始繁殖，并没有产生明显的近交衰退。后来，这群麋鹿的后代被引种到世界各地。

　　20世纪80年代，麋鹿从英国回归祖国提上了议事日程。中国1985年从英国乌邦寺重新引入了一群麋鹿放养于19世纪麋鹿在中国的最后栖息地——南苑，建立了北京麋鹿苑。从1988年起，麋鹿开始在故乡的土地上繁衍。在北京南苑麋鹿苑，1990年麋鹿发展到102头。这群麋鹿分别引种到石家庄、天津、济南、海南岛等地的动物

图 3-12　麋鹿已经在长江中游建立繁殖群体（杨道德摄）

园。1993年以后，北京南苑麋鹿苑分出96头麋鹿放养到湖北石首天鹅洲，现已发展到600余只，在长江岸边形成了放养麋鹿种群和自然野化麋鹿种群（图3-12）。

　　1986年林业部在世界野生生物基金会和国际自然保护联盟协助下，从英国5个动物园共引入了39头麋鹿，放养于江苏省大丰县。大丰位于苏北黄海之滨，由于古黄河入海泥沙在海岸淤积，当地的海岸线以每年100米左右的速度向海洋推进，在身后留下了大片新生土地。为麋鹿选定的家园就位于当年江苏大丰林场的一片滩涂旷野上。当39头麋鹿空运至此时，它们怯生生地打量着这一片陌生的土地，缓缓地迈出了第一步。20多年后，这39头麋鹿在黄海之滨生息繁衍，数量增加了20余倍，在自然保护区4个1平方千米大小的围栏中，这些麋鹿已经开始恢复野性，见了人会远远地躲开。

　　大丰麋鹿自然保护区已经成为生态旅游热点，成功地普及了有关野生动物、环境保护方面的知识，成为人们接触自然、认识生物多样性的场所。麋鹿也已经成为大丰人民妇孺皆知、人人喜爱的动物。每逢节假日，大丰麋鹿保护区游人如织，每年接待游人万人以上。

　　麋鹿是一个具有珍贵科学价值的物种。研究麋鹿的保护过程将带给我国保护生物学许多启迪。

　　一般认为，个体的生存能力与其基因杂合程度有关，近交会引起生存能力衰退。但麋鹿经历了高度的近交繁殖，现在各个麋鹿种群的生命力都很旺盛。为什么麋鹿能从一个极小的群体繁衍开来，继而在世界各地建立有生存能力的种群？

人类社会发展到今天，给野生动物留下的地盘越来越小。许多野生动物面临生存危机，如果我们要保护这些濒危动物，每一种动物应当保存至少多少个体？从遗传角度看，要保存一个物种，保种的群体越大越好。但在自然保护实践中，保存大群体的濒危动物，需要大面积的保护区和大量的资金。于是，人们研究野生动物的最小可生存种群数目，在可能的条件下以较少的资金尽量保存一个濒危物种的基因库。麋鹿是一个很好的研究对象。

麋鹿只有真正恢复了野生群体，才标志这种动物的新生。因此，将麋鹿放归大自然，建立野生种群是中国麋鹿保护的第2步战略目标。1997年大丰麋鹿保护区又获得了1600公顷淤积海滩土地，在香港回归祖国之前，大丰麋鹿保护区撤去了围栏，让一部分麋鹿自由奔驰在辽阔的滨海平原，重新回归自然。现在这些野生麋鹿在海滨芦苇荡中自由地生活，已经在野外繁殖了第2代麋鹿。

3. 梅花鹿

梅花鹿(*Cervus nippon* Temminck) (图3-13)，隶属哺乳纲偶蹄目鹿科鹿属，是东亚季风区特产的鹿类动物。梅花鹿原产亚洲东部及其临近岛屿，在我国曾分布很广，东北、华北、华东、华南、华中和西南地区均有分布，日本、朝鲜和俄罗斯远东以及越南亦有分布。我国梅花鹿有山西亚种、华南亚种、华北亚种、东北亚种、四川亚种和台湾亚种。全新世后，梅花鹿在许多历史分布区消失。20世纪40年代，梅花鹿山西亚种、华北业种和台湾亚种在我国野外灭绝，残存的梅花鹿东北亚种、华南亚种和四川亚种仅分布于黑龙

图 3-13 梅花鹿（蒋志刚摄）

江、吉林、江西、浙江、安徽、四川和甘肃等地的局部地区。

　　梅花鹿体态秀逸潇洒，毛色雅致悦目，是传统药用兽类，鹿血、鹿骨、鹿皮、鹿肾、鹿尾、鹿鞭、鹿筋都是传统的名贵药材。由于长期面对巨大的捕杀压力和人类对其栖息地的破坏，野生梅花鹿已陷入濒临灭绝的边缘。为了保护梅花鹿，我国政府1989年将梅花鹿列入我国国家I级重点保护野生动物名录，台湾亚种1986、1988、1990、1994年被列入IUCN《国际濒危动物红皮书》濒危级，华南亚种1986、1988年被列入IUCN《国际濒危动物红皮书》濒危级，1998年在《中国濒危动物红皮书》中被列为濒危级。

　　梅花鹿东北亚种的栖息环境是次生林灌及林间、林缘草地，晨昏在林间草地采食。华南梅花鹿在皖南喜栖息于五节芒、白茅、狗尾草为主的山丘，不进入林区，冬季多在阳坡背风处活动，夏季在近水源的阴坡开阔处或较高的山脊避暑。梅花鹿在江西的栖息地为高丘地形，植物以芒、茅等草本植物和灌丛为主。在江西桃红岭梅花鹿自然保护区，梅花鹿一般喜欢灌丛和灌草丛栖息地、郁闭度较低、灌木盖度较小、食物丰富度高、坡度平缓、水源距离较近和人为干扰距离小于800米的栖息生境。梅花鹿选择栖息生境的坡向、坡位和海拔高度。在浙江，梅花鹿选择较为平缓的西坡和南坡、距水源较近的栖息地活动。四川梅花鹿泽生活在海拔2200～3850米之间的针阔混交林、针叶林、次生落叶林及亚高山灌丛草甸和林间灌丛草甸，选择坡度介于10°～30°之间的坡面活动。

　　梅花鹿采食植物的叶、茎、花、果、嫩枝和树皮。四川梅花鹿采食活动在晨昏和夜间进行，采食的植物种类共计212种。不同的季节中，梅花鹿对采食生境和采食植物有明显的选择。春季，雄性长角的时候，成年公鹿比亚成年公鹿和母鹿更多地采食含钙较高的食物。冬季，公鹿比雌鹿更多地采食蛋白质含量较高的食物。在江西桃红岭自然保护区，除禾草植物外，梅花鹿至少采食37种植物，分别属于24科，其中，木本植物16种，草本植物21种。

　　梅花鹿只要以集群的方式活动，同时也有单独活动的现象。梅花鹿群体大小及最大群体在不同地区存在一定的差异。梅花鹿四川亚种一个群体少者6只，多者达86只。华南梅花鹿在江西省桃红岭自然保护区的群体大小平均3.8只，最大群为17只；在浙江省清凉峰自然保护区，96.0%梅花鹿一年四季集群生活，群体大小平均3.2只，最小群为2只。

群体中雄鹿的序位通过争斗而决定。雌鹿的序位等级由年龄、体况等因素决定。繁殖期，雄鹿通过角斗取得交配权，婚配制度属保卫雌性型一雄多雄制；雌鹿终身留居在的家域内，雄鹿2～3岁时被优势雄鹿从族群中赶出，经一段流浪期后，雄鹿会建立起自己的家域。族群的家域为1.86～6.58平方千米，雄鹿的家域为2.66～4.05平方千米。梅花鹿的各种集的比例随着季节、地形、植被类型的变化而变化。

梅花鹿东北亚种的饲养种群很大，但野生的梅花鹿东北亚种却十分稀少。随着东北林区森林资源的大面积开发，野生梅花鹿东北亚种的大多数栖息地均已遭到破坏，残留的栖息地在不断缩小。中国科学院动物研究所1953～1957年在东北地区进行了长达5年的兽类调查，没有发现野生梅花鹿。然而，东北地区很可能存在鹿场外逃个体形成的种群。据1976年调查，曾于东宁、宁安、海林、林口、尚志、延寿等县发现梅花鹿，种群大小约500只。1984年吉林省的野生梅花鹿东北亚种种群数量仅148只，黑龙江1990年调查估计野生梅花鹿东北亚种已不足20只。近年中国、美国、俄罗斯 3国专家在珲春地区开展东北虎和陆生野生动物资源调查，证实在吉林省珲春与俄罗斯交界处仍生存着一个梅花鹿野生种群，种群数量约300只左右。

目前梅花鹿四川亚种分布于四川若尔盖县、九寨沟县和甘肃的迭部县，种群数量为800只左右。1992年野外调查发现四川梅花鹿现残存于青藏高原东部边缘山地、岷山山系北段三块相互完全隔离的区域。铁布分布区属四川省若尔盖县铁布自然保护区和占哇乡、降扎乡，甘肃省迭部县益哇乡、电尕乡，面积860平方千米，有630～650只梅花鹿；巴西分布区属若尔盖县巴西乡、求吉乡、阿西茸乡、包座乡和九寨沟县大录乡，面积603平方千米，有130～150只梅花鹿；白河分布区属四川省九寨沟县白河自然保护区和农康乡、白河乡、罗依乡、马家乡，面积390平方千米，有30～45只梅花鹿。高原与高山峡谷的过渡地貌、山地温带气候、森林与灌丛草甸相互镶合的植被，加之地域偏僻、人烟稀少，当地藏族群众视其为神鹿，使上述三个区域成为四川梅花鹿最后的避难所。

图 3-14 江西桃红岭梅花鹿保护区的野生梅花鹿（蒋志刚摄）

梅花鹿江南亚种可能是现存梅花鹿亚种中最濒危的亚种。20世纪二三十年代以前，梅花鹿江南亚种曾广泛分布于中国的东部。从长江流域到广东、广西，几乎长江以南的大多数地区都有它的分布。长期以来，由于捕杀，梅花鹿江南亚种种群数量不断地减少。目前主要分布于安徽泾县、旌德、黟县、宁国，江西彭泽和浙江临安等县。梅花鹿江南亚种分布范围不断缩小，种群被隔离，并逐步在扩散。

现在梅花鹿江南亚种的分布区多是人烟稀少的低山丘陵，海拔在300～1500米之间，其栖息地多为次生的灌丛草坡，栖息地中除人为干扰很大外，豺也是限制种群发展的因素之一。在安徽省估计有90～110只梅花鹿江南亚种(王歧山，1990)，在浙江有50只左右(诸葛阳，1989)，而在江西不足200只。20世纪50年代在湖南宜章、新宁和绥宁，广东连平、南雄、仁化、英德、阳山、连县和怀集等地都曾有野生梅花鹿的报道。现在，那些梅花鹿种群都可能已经绝灭。

我们2004～2007年调查表明，江西桃红岭自然保护区有325只野生梅花鹿。近年来，该保护区梅花鹿适栖面积减少及保护区内野猪泛滥是导致梅花鹿的种群数量增长缓慢的主要原因（图3-14）。

台湾亚种虽有较大的梅花鹿饲养种群，但野生梅花鹿数量极少，甚至可能在野外已完全绝灭。梅花鹿华北亚种和山西亚种早在

20世纪20年代后就再没有记录和报告。我国现生梅花鹿的7个亚种中至少有2个亚种已经绝灭，残留的各亚种被分隔在相距很远的地区，估计全国还残存1500只梅花鹿。 现已在浙江、四川和江西建立了梅花鹿自然保护区。

4. 普氏野马

普氏野马（图3-15）属于哺乳纲奇蹄目马科马属。

普氏野马是目前地球上唯一存活的野生马。普氏野马体型健硕，体长约2.8米，身高1米以上，体重约为300千克。关于普氏野马的分类地位，动物学家尚有争议。有的学者认为普氏野马与家马同属于马亚属，有的学者甚至将普氏野马与家马划为同一个种，有的学者认为普氏野马是马的祖先。但是学者一般认为普氏野马和现代家马是具有共同祖先的亲戚。

有关马的进化是一个研究得较为透彻的进化问题，因为人们已经发掘了大量的马的化石。现代的马起源于北美洲，马的祖先是始新马。其实，6000万年前的始新马看起来完全不像马，始新马体型只有狐狸大小，身上长着条纹。最奇怪的是，最初的马与人、熊等许多动物一样有五个趾头，始新马的四肢都长着五个蹄子。始新马逐步演化为安琪马。安琪马生活在森林中，长着小牙齿，啃食灌丛和低矮树丛的嫩树叶为生。现代的马，包括普氏野马就是从那长着五个蹄子、身上有条纹的小兽进化而来。在马的进化历程中，由于奔跑的需要，马的蹄子数目减少，马的个头变得越来越大，逐步变成了今天的模样。

普氏野马分布于中国新疆准噶尔盆地和蒙古共和国干旱荒漠草原地带，故又被称为准噶尔野马或蒙古野马。100多年前，普氏野马成群结队，奔骋在广阔的戈壁滩上。19世纪后半叶，沙俄军官普热瓦尔斯基率领探险队曾先后3次进入新

图3-15 久违故乡的普氏野马回到卡拉麦里自然保护区（蒋志刚摄）

疆，他们在准噶尔盆地奇台至巴里坤的丘沙河、滴水泉一带捕获到野马标本。普热瓦尔斯基将采集到的野马驹运回圣彼得堡。欧洲人第一次见到了野马。沙俄学者波利亚科夫1881年正式将这个野马标本定名为"普氏野马"。19世纪末20世纪初，俄、德、法等国的探险队在新疆大规模捕猎普氏野马。1890年，德国探险家格里格尔从我国捕捉了52匹野马幼驹，运回德国，其中有12匹野马成功繁殖了后代。在那以后，准噶尔盆地的野马突然消失了。现有全球圈养的野马基本上都是格里格尔从我国捕捉12匹野马的后代。

人们认为普氏野马是与现代马平行进化的一种野马。普氏野马有66条染色体，而家马有64条染色体。但是，普氏野马可以与家马杂交产生可育的杂交后代。目前世界的普氏野马分为A系和B系，A系普氏野马是普氏野马与家马的杂交后代，只有B系普氏野马是纯种的普氏野马。目前在全世界112个野生动物繁育中心和动物园饲养着大约1300匹普氏野马，遍布世界五大洲。

1986年中国将欧洲人工饲养的普氏野马重新引入中国，在准噶尔盆地南缘，当年普热瓦尔斯基首次捕捉普氏野马的地方，建成了野马饲养繁殖中心。现在，野马饲养繁殖中心圈养的普氏野马的数量增加到一定的数量。野马回归的一个目标，是释放人工圈养普氏野马到其自然生境，逐步恢复普氏野马的野生种群。于是，人工繁育的普氏野马放归自然被提到议事日程上来。在蒙古共和国放归自然的野马已经基本上处于野生状态。2002年，中国野马饲养繁殖中心将圈养的野马放归自然。

人类改变了大自然，随着人类对自然的认识，随着人类对自己的重新定位，人类还会改变大自然。人类曾造成了普氏野马在中国的绝灭，人类也将使普氏野马种群在中国重生。

5. 野骆驼

野骆驼(图3-16，图3-17)，别名双峰驼、野驼，属于哺乳纲偶蹄目骆驼科，学名为 *Camelus bactrianus*。

2004年，国际自然保护联盟物种存活委员会的马龙博士在一次国际研讨会上曾经说道：普氏原羚、野骆驼和麋鹿是中国最濒危的3种草食动物，这3种濒危动物在中国的保护与复兴具有国际意义，将为世界的濒危野生动物保护提供经验。

为什么野骆驼会名列中国最濒危的动物之一呢？凡是到过新疆嘎顺戈壁的人就不会奇怪了，那是一块极度缺水，几乎什么都不长的不毛之地。那里还是一个气温会急剧变化的区域。午间，在

图 3-16　野骆驼（蒋志刚摄）

烈日曝晒下，地面的温度高达70℃，而夜间温度会迅速下降到冰点以下。更可怕的是荒漠中的沙尘暴，其风之烈，飞沙走石，其沙之暴，遮天蔽日，其尘之密，天昏地暗，瞬间足以置天地间的任何生物于死地。而野骆驼就在这样一个环境中顽强地生存下来了。

野骆驼之所以可贵，是因为它是家骆驼的祖先或近亲。在动物驯化史中，我们有一个沉痛的教训，那就是人类驯化的家畜的祖先多数已经灭绝了。为什么野骆驼能够逃脱灭绝的命运，繁衍生存至今？这些野骆驼能够最终逃脱灭绝的命运吗？目前生活在中国罗布泊野骆驼自然保护区的那些野骆驼对解答这些谜有着重要的科学价值。

有人认为，现在的野骆驼是些跑野的家骆驼。即使在罗布泊生存的骆驼是跑野的骆驼，那些跑野的骆驼是如何在跑野后短短的时间，很快适应了罗布泊这个严酷的死亡之海仍然是一个谜。最重要的是那些野骆驼或者是跑野的骆驼与家骆驼之间在身体形态结构、生理生化特征以及行为特征有什么不同？

图 3-17　中国发行的野骆驼邮票

　　研究者们已经了解野骆驼与家骆驼的形态区别。野骆驼被覆黄褐色体毛，被毛短而密，野骆驼躯体高大、两个驼峰似圆锥体，小而尖，驼峰之间的距离较远，家骆驼的被毛有黄、褐、棕、白、黑多种颜色，被毛长而粗，家骆驼身高稍矮，健壮，两个驼峰呈沙丘型，峰驼硕大，驼峰之间的距离较近。但是，这些形态差异是由于野骆驼与家骆驼的后天营养与环境条件差异造成的，还是由于遗传的差异造成的，我们目前尚不得知，但是，我们知道由于营养状况差异和生存环境的不同，可能使动物个体产生体型丰满肥胖程度的不同以及被毛的差异。人工选育则可能使家养动物个体的毛色发生变异。

　　尽管人们发现野骆驼与家骆驼的DNA链有差异。但是，就是一个物种内的不同个体的DNA链都有差异，甚至一个家庭中的成员，如父子之间的DNA链都有差异。对于多数动物学家来说，野骆驼与家骆驼的DNA链差异还不足以将野骆驼与家骆驼划分为不同的物种。何况，目前我们所检测的DNA链差异并不是决定动物个体身体形态结构、生理生化特征以及行为特征的功能基因的差异。

　　生活在荒漠中的野骆驼能饮其他动物所不能饮用的咸水，这是其生存的策略之一，也是为了生存的无奈之举。一旦有了合适的饮水，野骆驼不会再去饮荒漠中的咸水。然而，目前那些野骆驼是如何在机体内脱去咸水中的盐分，维持机体的代谢平衡的是一个值得研究的生理生化课题。

　　野骆驼的怕人天性是保证其在四处可能出现人类捕食者的环境中生存的一种适应行为。区别一种动物是家养动物还是野生动物，一个标志是看它怕不怕人。野骆驼生性机警，一看见人就发足狂奔，最高时速可达每小时40千米，尽快逃离人类，因为它知道人可能是可怕的捕食者。此外，野骆驼与家骆驼交配产生的杂交后代的行为不像家骆驼，杂交后代长大以后很难驯服。因此，野骆驼与家骆驼之间在行为上有区别，这种区别可能是遗传的差别。

　　目前，人们在野外一般很难发现野骆驼，人们往往历尽千辛万苦才发现小群的野骆驼。野骆驼之所以难以在野外发现一个原因是罗布泊、嘎顺荒漠中的植物产量低（另一个原因是野骆驼生性机警，能够在人类发现它之前发现靠近的人类，并提前离开）。那里的生态系统不可能负载大量的草食动物。食物、饮水的缺乏，加之生存环境的严酷，野骆驼的种群在罗布泊、嘎顺荒漠不可能发展很大。建立罗布泊自然保护区是保护野骆驼的第一步，然而仅仅靠现有自然保护区不足以保护野骆驼，因为自然保护区内缺乏野骆驼所必需的食物和饮水，而那些有绿色植被和饮水的绿洲都有人类定居了。下一步应当考虑在罗布泊野骆驼自然保护区内或附近区域为野骆驼恢复一些仅为其利用的绿洲，作为野骆驼保护的关键生境。只有那样，才真正恢复了野骆驼的生存环境，才能为目前苟延残喘的野骆驼种群的恢复和发展提供基本条件，野骆驼才真正摆脱了灭绝的危险。

6. 岩羊

岩羊（*Pseudois nayaur*)（图3-18）又称为青羊、石羊。属哺乳纲偶蹄目牛科岩羊属。

岩羊栖息在海拔2100～6300米之间的高山裸岩地带，是一种典型的高山动物。岩羊体长140厘米左右，肩高70～90厘米，尾长20厘米。雄岩羊体重为60～75千克，雌岩羊的体重为35～50千克。岩羊的背部体色微褐灰色、褐黄灰色、青褐灰色，腹部体色较淡，成年雄性个体鼻端、胸前为黑色，腹侧有黑色毛构成的斑纹，四肢为黑色，只有膝盖和近蹄端为纯白色，宛如套上了白色护腕和护膝。

图3-18　岩羊（蒋志刚摄）

岩羊的特点是它那一双大角。雄岩羊和雌岩羊都有角，但雌岩羊的角直短而小。雄兽的角长而大，角的颜色与岩羊体色相同，为褐黄灰色。雄岩羊角的基部近似三角形，有一些粗而模糊的横棱，岩羊角先向上向两侧分并旋转，双角尖之间的距离达80厘米。岩羊头顶上的双角近看像倒置的八字胡，远远望去，像一只展翅的海鸥。岩羊有2个亚种：四川亚种主要分布于四川、云南、青海、甘肃、内蒙古、宁夏和新疆等地，西藏亚种主要分布于西藏、尼泊尔、克什米亚和锡金。

岩羊有许多特点，第一，岩羊大概是中国的野生羊科动物中分布最广的种，从中国境内蒙宁夏的贺兰山，到祁连山，到羌塘高原、帕米尔高原，从横断山脉到喜马拉雅山脉，整个中国西部地区都有岩羊的分布。第二，岩羊数量大概是中国野生羊科动物中数量最多的一种，仅贺兰山一地，建立贺兰山国家级自然保护区以来，实施禁牧还林，岩羊种群数量快速度增长，现在贺兰山自然保护区的岩羊种群数量达万只以上。第三，岩羊大概是世界上能生活在最高海拔地点的野生羊科动物，在世界上海拔最高的寺庙——西藏绒布寺附近即生活着大群岩羊。绒布寺海拔5100米。距珠穆朗玛峰的直线距离只有20多千米。第四，岩羊大概是野生羊科动物中相对容易见到的种类，这一点可能与岩羊的数量多、分布广有关。

《人与生物圈》编辑部曾希望能找到一张背景颜色鲜艳一些的岩羊照片，这似乎很难找到。岩羊似乎喜欢栖息在植被稀少，岩石裸露的高海拔地区。岩羊生活在峭壁之上，灰色的体色与灰色的岩石背景混为一体（图3-19）。当岩羊蹲在岩石上时，如果不仔细辨别，即使到了跟前，你也常常无法分辨岩石堆里的岩羊，因为岩羊的毛色与岩石一模一样，这大概就是"岩羊""石羊"称呼的来历。我们在野外与岩羊相距较远时，一般只能分辨那些站在山顶，或在运动之中的岩羊。在几近光裸的岩石缝隙中，岩羊能找到食物，它们以嵩草、苔草、针茅等高山荒漠植物和杜鹃、绣线菊、金露梅等灌木的枝叶为食。岩羊善于攀登裸岩。在悬崖峭壁上，只要能容下岩羊的蹄子宽度，岩羊就轻易地攀登上去，有时，岩羊一个纵跳能跳上3米高的石崖，岩羊也能在大岩石上上跳跃奔跑。岩羊性喜群居，大的集群多达数百只岩羊，常在冬天见到。在天敌较多的地区，岩羊在采食时，常常有一只公羊站在高处放哨，一旦这只公羊发现情况，它会立即报警，带领羊群逃离。岩羊每年的12至次年1月发情交配。怀孕期为5～6个月。每胎产1仔。在喜马拉雅山区，岩羊是雪豹的主要猎物。雪豹控制了岩羊的数量增长。而在贺兰山自然保护区，由于原来生态系统中的岩羊捕食者——狼消失了，岩羊

图 3-19　青藏高原的岩羊群（徐爱春摄）

种群在保护区内发展很快，于是，在贺兰山自然保护区重新引入狼成为保护区管理当局一项正在考虑之中的管理措施。

在中国还有一种岩羊——倭岩羊（矮岩羊）。顾名思义，倭岩羊应是一种矮小的岩羊。事实正是如此。倭岩羊的体重只有岩羊的一半。倭岩羊仅分布于四川甘孜藏族自治州的巴塘、白玉等县的高山峡谷之中。与岩羊相似，倭岩羊也聚群生活。但是目前动物学家对于倭岩羊的分类地位有争议。1999年在安卡拉召开IUCN物种存活委员会羊亚科专家组会议上，专家们对倭岩羊的分类地位进行了热烈的讨论。以前根据倭岩羊与岩羊体型的差异及分布区，有人认为倭岩羊是独立于岩羊的一个种，也有人认为倭岩羊是岩羊的一个亚种。现在根据线粒体DNA分析，人们发现倭岩羊与岩羊的遗传差异并不大。于是，有人仍认为倭岩羊是岩羊的一个亚种，还有人认为倭岩羊只不过是岩羊的一个种群。无论如何，倭岩羊的种群数量少，分布区狭窄，仍是一种值得保护的动物。

青藏高原上岩羊的种群数量较多，1962年曾估计青海省有120万头岩羊。1958～1989年，每年从青海省向欧洲出口岩羊肉100～200吨，相当于每年猎杀5000～10 000只岩羊。自从《中华人民共和国野生动物保护法》实施以后，岩羊作为国家2级重点保护动物受到保护，但是近年来岩羊的种群数量上升很快。中国在西部省份建立了一批国际狩猎场，对国际狩猎爱好者开放战利品狩猎。战利品狩猎是《濒危野生动植物种国际贸易公约》许可的狩猎。战利品狩猎这些动物多是角型奇特的动物，如岩羊、鹿、盘羊、野牛和羚羊等。同时，这些动物又是珍稀动物。战利品狩猎不是为猎取野生动物作为食物而是一种国际上流行的运动狩猎。国际狩猎场上，野生动物狩猎战利品的标价很高，从而限制狩猎的数量，例如在国际猎场上，猎手每狩猎一只岩羊的收费为7900美元。野生动物战利品狩猎调整了野生动物的种群结构，并为一些边远地区经济注入了活力。为行政管理部门、地方政府和社区带来了经济收入，肃北与阿克塞国际狩猎场1988～1998年间创汇100多万美元。许多国际猎场上的野生动物数量比开展狩猎以前的数量增加了。

目前，对于岩羊与倭岩羊的研究，还只限于岩羊与倭岩羊分类地位的探讨以及岩羊分布地区和种群数量的调查。在动物学上，前者是一种模式识别，属于确定它是"谁"，它有什么特征；后者属于确定"谁"在"什么地方"，"有多少"的基础工作。我们对于岩羊的营养生态、行为生态和生活史参数都还不了解，也就是说，我们不知道为什么那些地方有岩羊，它们是怎样生存的，怎样繁衍的，它们与生态系统的其他生物的关系，以及影响它们种群增长的因素，如寿命、不同年龄的繁殖率等，而这些信息对于岩羊种群的科学管理都是至关重要的。

岩羊在我国《国家重点保护野生动物名录》中被列为II级保护动物，在IUCN物种红色名录中被列为易危种，在《中国濒危动物红皮书——兽类》中被列为易危种。倭岩羊在IUCN物种红色名录中被列为濒危种，在《中国濒危动物红皮书——兽类》中被列为易危种。

7. 普氏原羚

普氏原羚属哺乳纲偶蹄目牛科原羚属。

134年前，交通工具由骆驼和马匹组成的一支俄罗斯考察队从北京出发了。队伍中一个个头不高、健壮结实、长着大胡子的人是这支队伍的领头人——尼古拉·普热瓦斯基（或译为普尔热瓦尔斯基，图3-20），一位沙俄军官。普热瓦斯基带领这支考察队准备考察

"库库诺尔"——青海湖，然后去拉萨。青海湖是中国最大的半咸水湖。即使是在一张普通世界地图上也能醒目地看见这个位于中国版图中央的蓝色湖泊。这次考察包括青藏高原和库库诺尔，最终到达西藏拉萨。拜访藏传佛教的胜地和布达拉宫是普热瓦斯基一生中的梦想。

普热瓦斯基还是一位自学成才的自然博物学家，十分爱好收集野生动物和植物标本。在这次考察之前，普热瓦斯基于1867~1869年作为沙俄情报军官曾经考察过西伯利亚和远东地

图3-20　尼古拉·普热瓦斯基

区，以及中国的东北，在兴凯湖、黑龙江、乌苏里江一带采集大量的动植物标本，记下了详尽的考察日记，并绘制了地形图。

1869年在俄国皇家地理学会西伯利亚分会为普热瓦斯基举行的学术报告会上，普热瓦斯基报告了他在西伯利亚、乌苏里和朝鲜庆兴的所见所闻。普热瓦斯基的报告轰动了整个国际地理界。从此，普热瓦斯基从一个无名小卒一跃成为一位国际知名的探险家。由于普热瓦斯基在西伯利亚和远东所取得的成绩，俄国皇家地理学会授予了他一枚银质科学奖章。这是普热瓦斯基生平获得的第一枚科学奖章。这更激励了他的探索和冒险精神。于是，普热瓦斯基将下一个考察目标锁定为青藏高原的库库诺尔和拉萨。

当年的交通工具主要靠骆驼和马匹，全程12 000千米，饥饿、干渴、风沙都没能阻挡普热瓦斯基这支队伍的前进步伐。这支队伍历尽千辛万苦，走过了蒙古高原，爬过了阿拉善高原，穿过了河西走廊，终于来到了蓝天湛湛、白云朵朵、雪山皑皑、草地无边的青藏高原。

这支队伍并没有携带多少食物。考察队靠一路上猎杀野生动物作为肉食。普热瓦斯基的考察队队员个个都是好猎手。一路上，他

们射杀野生动物，每天傍晚，他们在临时扎下的帐篷旁，将那些猎物开肠破肚，将卸下的肉块扔进沸腾的汤锅里，留下皮张和骨骼作标本。考察队里骆驼背上的大包裹中鼓鼓囊囊塞满了他们一路上采集的动物、鸟类和植物标本。

在蒙古高原，黄羊（蒙古瞪羚）和黑尾黄羊（鹅喉羚）是考查队的主要肉食来源。在祁连山的山谷里和青海湖畔考察队猎杀了这种黄羊，留下皮张和骨骼做标本。由于种种原因，普热瓦斯基后来未能到达拉萨。这次考察在1873年结束了。普热瓦斯基一行收集了40多种哺乳动物的130张兽皮和头骨标本、230种鸟类的近千只标本、10种爬行动物的70个标本、11种鱼类标本和3000多种昆虫标本，这些标本送给了俄罗斯科学院动物研究所。其中就有像"黄羊"的动物头骨和皮张。

普热瓦斯基从中国带回的标本极大丰富了俄罗斯科学院的动植物标本收藏。动物学家们为鉴定这些动物标本着实忙乎一阵。因为普热瓦斯基采集的许多动物标本都是动物学家们以前从来没有见过的新的物种。为鉴定那些从高原带回来的像黄羊的动物标本，动物学家颇费了一番功夫。这些皮张和骨骼被动物学家Büchner鉴定为一种新的动物*Gazelle przewalskii*，以纪念该物种的发现人。1888年，普热瓦斯基将那些小羚羊标本定名为居氏羚羊（*Gazella cuvieri*）。可是不久后人们发现居氏羚羊已经被用作一种非洲羚羊的种名。于

图3-21　一只正在眺望的雄性普氏原羚（蒋志刚摄）

图 3-22 刚刚睁开眼睛的小原羚（游章强摄）

是，动物学家将那些小羊羔标本更名为藏原羚种普氏原羚亚种（图 3-21，图3-22）。

俄罗斯动物学家 Stroganov 在1949年研究了苏联科学院动物研究所标本馆的馆藏标本，确定普氏原羚为一个独立的种。这个结论得到后来同行的赞同。

8．小熊猫（*Ailurus fulgens*）与大熊猫（*Ailuropoda melanoleuca*）

说起与大熊猫同属哺乳纲食肉目的小熊猫（图3-23），不但其名字与大熊猫（图3-24）容易混淆，而且，小熊猫与大熊猫的食性相似，分布区重叠。然而，小熊猫与大熊猫的体型和毛色却相差甚远。

小熊猫的体型较小，长约50～60厘米，体重约5～6千克，身体躯干被毛为栗红色，腹部和四肢末端的被毛为黑色。小熊猫面部白色花纹不像大熊猫那样明显，除了五趾外，小熊猫还有一个

图 3-23 小熊猫（蒋志刚摄）

图 3-24　大熊猫（蒋志刚摄）

"伪拇指"。这个"伪拇指"其实是由一节腕骨特化形成，可与第一指对握，解剖学名词叫做"桡侧籽骨"。小熊猫采食时，"伪拇指"起握住竹子的作用。小熊猫的尾巴粗大，长度约为其身体长度的一半以上，并且尾巴上有九节黑色环纹，故小熊猫亦称"九节狸"。

小熊猫分布区比大熊猫大，从喜马拉雅山南麓到横断山、东北端经沙鲁里山和大雪山到岷山、邛崃山、相岭、大小凉山山区，沿横断山向南延伸到高黎贡山、云岭、玉龙雪山一直到西双版纳。小熊猫是一种主要分布在中国的珍稀动物，属国家二级保护动物。小熊猫主要栖息于海拔1000米以上的落叶阔叶林、针阔混交林和亚高山针叶林带竹林内。目前由于森林砍伐等原因，野生栖息地萎缩，小熊猫数量减少，据估计大约只有不到5000头小熊猫。《濒危野生动植物种国际贸易公约》将小熊猫定为附录II物种，限制其国际贸易。

大熊猫，通常称熊猫，体型较大，体长160～180厘米，重80～125千克，体色为黑白两色。眼睛小，眼睛周围有黑斑，耳朵为黑色。大熊猫的白齿发达，和小熊猫相似，大熊猫除了五趾外还有一个"伪拇指"，起握住竹子的作用。大熊猫尾部有发达的尾腺，用于在树干上涂抹油桩，标志领域。

小熊猫喜食冷箭竹、大箭竹，偶尔觅食树叶、果实、昆虫及小动物。清晨和傍晚，小熊猫多三五成群活动出外觅食。小熊猫每年1～3月交配，怀孕期为140～150天，5～7月产仔，一般一胎2仔。小熊猫幼仔约110～130克重，为母兽体重的1/50。幼仔5个月左右断奶，18～20个月性成熟。在人工饲养条件下，小熊猫的寿命为12～18岁。

大熊猫喜独居，每只熊猫有各自的活动区域，即领域。与小熊猫相似，大熊猫也主食竹子。每座大山脉一般有10多种竹子分布，大熊猫只采食其中的两三种。例如，大熊猫在秦岭只采食秦岭箭竹和巴山木竹，在邛崃山只采食冷箭竹、大箭竹和拐棍竹3种竹子。有时，大熊猫会捕食竹林中的竹鼠。大熊猫看似行动迟缓，其实它手足灵活，善于爬树，遇到危险时，大熊猫可以快速奔跑。大熊猫常在冷杉的大树洞里生育，一胎产一子，有时产两子。大熊猫幼仔约90～131克重，仅为母兽体重的1/900，幼仔刚产出时呈粉红色，与成年熊猫形态差别很大。雌性大熊猫6岁时性成熟，雄性7～8岁时性成熟。大熊猫一般每年3～5月进入繁殖。成年熊猫的发情期很短，只有短短的几天时间。雄性与雌性大熊猫交配后即分开，雌性熊猫单独哺育幼熊猫。在人工饲养条件下，大熊猫的寿命可达30岁。

大熊猫仅分布于中国的秦岭和四川盆地周边的岷山、邛崃山、相岭、大小凉山山区，是中国的特有动物，国家一级保护动物。大熊猫主要栖息于海拔1400米～3500米的落叶阔叶林，针阔混交林和亚高山针叶林带竹林内。全世界现存野生与人工圈养的大熊猫大约有1600只。《濒危野生动植物种国际贸易公约》将大熊猫定为附录I物种，禁止国际贸易。

大熊猫和小熊猫兼有熊和浣熊的特征，但又与熊科和浣熊科动物有着明显差异，于是，动物学家对小熊猫与大熊猫的分类问题，一直争论不休。有动物分类学家曾提议小熊猫和大熊猫列为一个科——小熊猫科，有人则提议把大熊猫单列为大熊猫科；还有动物分类学家曾将小熊猫列为浣熊科小熊猫属小熊猫种，也有人曾将小熊猫列为熊科小熊猫属小熊猫种。最近经过DNA分析，尽管小熊猫与美洲大陆的浣熊亲缘关系接近，但是仍不能将小熊猫与浣熊列入同一个科，于是，将小熊猫单独列为哺乳纲食肉目小熊猫科小熊猫属小熊猫种。大熊猫的分类也是如此。然而，即使用现代的DNA测试技术，分析大熊猫体内不同的蛋白质或核酸片段得出了大相径庭的结果。因此，大熊猫的分类至今仍让人困惑。

9. 海南长臂猿

海南长臂猿属于哺乳纲长臂猿科。

我国云南有白掌长臂猿、白眉长臂猿、白颊黑冠长臂猿，在海南岛则有一种独特的黑冠长臂猿。长臂猿生活在热带雨林的树冠中，以果实、树叶为食，平时以家庭为单位活动。清晨，长臂猿外出觅食，它们沐浴朝阳，吸纳清气。长臂猿有一个喉囊，啼鸣时喉囊涨大，长臂猿迎着朝阳啼鸣，常常雄唱雌和，一呼一应，声音嘹亮。人们可以利用啼鸣来确定长臂猿的数量。目前海南黑冠长臂猿濒临灭绝，仅海南霸王岭自然保护区残存十几只。

历史上长臂猿曾广泛分布于我国秦岭、淮河以南地区。当年，诗人李白乘船在长江上顺流而下，耳闻沿岸的猿啼，写下了"两岸猿声啼不住，轻舟已过万重山"之传世佳句。后来，长臂猿的分布区向南退缩，19世纪末，长臂猿从长江领域消失了。20世纪50年代，长臂猿的分布区退缩到广西、云南和海南，海南岛那时尚覆盖着大面积的原始森林。海南中部和南部都有黑冠长臂猿分布。到20世纪80年代，随着森林面积的锐减，长臂猿的分布区更退缩到海南和云南中南部，全国的长臂猿数量不足1000只，海南黑冠长臂猿只在霸王岭有残余分布，约20余只，分为A、B两群，我们所见到是B群，另一群长臂猿生活在不远的森林中。

灵长类是人类近亲。灵长类的行为、生理和结构与人类颇多相似之处，有重要的科学价值。长臂猿是东南亚热带雨林的指示者，其存在表明热带雨林处于原始状态。尽管我国从20世纪80年代开始，为保护长臂猿建立了10余处自然保护区，有效地遏止了长臂猿分布区的进一步萎缩。我国在霸王岭也建立了国家级保护区。但是，海南黑冠长臂猿的数量太少了，其家庭结构一般为一雄两雌，霸王岭黑冠长臂猿只有三四个家庭。尽管有分群，但形成的是姊妹群。所以，长臂猿种群中存在着像兄妹联姻这样的高度近亲繁殖。这将严重影响种群的遗传品质，进而影响其生存能力。

最新的研究表明，海南黑冠长臂猿的遗传基础与云南黑冠长臂猿差异较大，海南黑冠长臂猿可能是一个独特的物种。一个灵长类物种的灭绝在生物进化史上是一个重大事件，由于生境范围和野生动物种群数量有限，当前生物物种演化的条件已经极度恶化，当务之急是设法保存现有的物种。目前，这种长臂猿只剩下霸王岭寥寥可数的几只，更显得其珍贵，同时，意味着保护这群长臂猿需要付出十倍的努力。

图 3-25　金钱豹（蒋志刚摄）

10. 金钱豹

金钱豹（*Panthera pardus*）（图3-25），亦名豹。身被淡黄色或黄色被毛，浑身点缀深色梅花状斑点，头部的斑点较小。金钱豹体长约1～2米。雄性个体体重约90千克，雌性个体体重约60千克。猫科动物中，金钱豹曾是分布最广的一种，其分布区仅次于家猫。目前，金钱豹仍分布在中亚、小亚细亚、东亚、斯里兰卡、爪哇以及除撒哈拉大沙漠以外的非洲广大地区。金钱豹与狮、虎、美洲虎一同被称之为四大豹属动物。

人们曾命名了大约30个金钱豹亚种，但是其中大部分亚种的分类地位还有争议。人们通常认为金钱豹有13个亚种（表3-1）。

印支豹、东北豹、华北豹在中国有分布。印支豹主要分布在安徽、江西、浙江、福建、广东、广西、湖南、贵州、云南、四川、重庆、西藏南部、青海东南部和陕西南部的阔叶林区。华北豹分布在河北、北京、山西和陕西北部的林区。东北豹是金钱豹分化最明显的一个亚种。东北豹又名阿穆尔豹、远东豹、朝鲜豹、满洲豹，除中国的东北和内蒙古，还分布于俄罗斯和朝鲜，已被列入IUCN极度濒危分类单元、CITES 附录 I 以及国家重点保护野生动物名录 I 。威胁东北豹生存的因素主要来自偷猎和野生动物贸易以及当地

表 3-1　金钱豹的亚种与濒危状态

中文名	学　名	IUCN红色名录濒危等级
阿拉伯豹	*Panthera pardus nimr*	极度濒危
安纳托利亚豹	*Panthera pardus tulliana*	极度濒危，可能灭绝
北非豹	*Panthera pardus panthera*	极度濒危，可能灭绝
波斯豹	*Panthera pardus saxicolor*	濒危
东北豹	*Panthera pardus orientalis*	极度濒危
非洲豹	*Panthera pardus pardus*	低危
华北豹	*Panthera pardus japonensis*	易危
桑给巴尔豹	*Panthera pardus adersi*	灭绝
斯里兰卡豹	*Panthera pardus kotiya*	濒危
西奈豹	*Panthera pardus jarvisi*	极度濒危，可能灭绝
印度豹	*Panthera pardus fusca*	低危
印支豹	*Panthera pardus delacouri*	易危
爪哇豹	*Panthera pardus melas*	濒危

猎物种群的自然变化，目前，东北豹野外种群基本绝迹，仅余50只饲养个体。中国至少有100个以上自然保护区有或曾经有金钱豹分布。这些自然保护区的面积达 387 992平方千米，覆盖了印支豹、华北豹和东北豹的分布区。

金钱豹隐蔽性好。它主要在夜间活动，食谱广，是机会主义捕食者。非洲的金钱豹能将杀死的猎物拖上树，日间在树上休息，并能头部朝下快速从树上跳下。在相同体重的猫科动物中，除了美洲虎以外，金钱豹是最强的捕食者。在那些没有狮、虎的生态系统中，金钱豹是顶级捕食者。

金钱豹在中国林区捕食麂类、鹿类、麝类、鬣羚、狍、野猪、猪獾、野兔、啮齿类、鸟类和昆虫。冬春季，金钱豹有时捕食家养动物。由于金钱豹捕食麂类、鹿类、麝类和家养动物，在20世纪50年代，金钱豹作为害兽猎杀。20世纪80年代，全国金钱豹数量下降到仅为20世纪50年代的1/5，到20世纪80年代，金钱豹在许多地方绝迹。经过近20年的保护，金钱豹种群在一些地方开始恢复，例如，在2005年，江西桃红岭梅花鹿自然保护区利用监测装置在该保护区发现了夜间活动的金钱豹。国内关于金钱豹的研究不多。

目前，金钱豹生存面临的主要威胁有：

(1) 猎捕。20世纪80年代以前，金钱豹曾被大规模地、有组织地猎捕，金钱豹的猎物也被大规模猎杀。猎捕导致金钱豹的密度下降，甚至在许多地方绝迹。这种猎捕的效应一直持续到现在。

(2) 生境丧失。20世纪森林砍伐，导致金钱豹生境破碎化。生活在生境斑块中的金钱豹难以寻找配偶，形成可生存种群。

(3) 食物链断裂。由于一度过度狩猎，森林植被破坏，近年人工种植的植被中麂类、鹿类、麝类、鬣羚、狍数量少，生态系统中金钱豹缺乏食物。

(4) 报复性猎杀。由于金钱豹猎杀家养动物，一些地方的居民报复性猎杀金钱豹。由于目前金钱豹密度低，在中国报复性猎杀金钱豹的现象很少发生。

(5) 在非洲金钱豹的数量较多，估计全球尚有50万只金钱豹，国际自然保护联盟物种存活委员会猫科动物专家组将金钱豹整体状况评为"略需关注"。然而在中东、亚洲的金钱豹亚种处境濒危。中国金钱豹生存状况为濒危或极度濒危。

11. 雪豹

雪豹（*Uncia uncial*）（图3-26）属于哺乳纲食肉目猫科雪豹属。

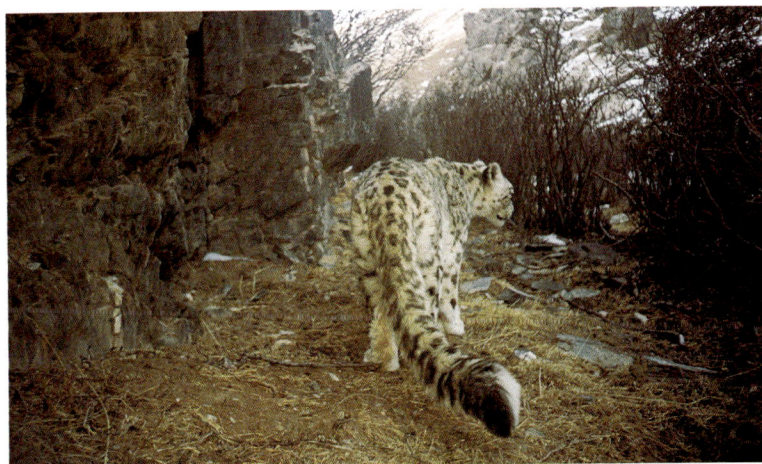

图3-26 雪豹（徐爱春摄）

雪豹是典型的高山猫科动物，栖息在高山裸岩地带，其生境中一年大部分时间甚至终年积雪，夜间活动、行踪飘忽不定（Jackson和Hillard，1986）。雪豹分布在中国、蒙古、俄罗斯、巴基斯坦、印度、不丹、尼泊尔、阿富汗、塔吉克斯坦、哈萨克斯坦、乌兹别克斯坦、土库曼斯坦等12个国家。全球雪豹的潜在适宜生境面积约302万平方千米。其中60%在中国，约有182万平方千米，占中国国土面积的18.7%。青海、西藏、新疆、甘肃、四川和云南6省区有雪豹分布。内蒙古曾有雪豹，现在人们尚未确定阴山山脉是否还有雪豹分布，如果阴山有雪豹，那么，阴山是雪豹分布的东界了。根据现有的数据，中国可能有2000～2500只雪豹，约占全球雪豹总数的一半（McCarthy和Chapron，2003）。

在青藏高原，从海拔4000米地区至雪线附近都有雪豹活动。雪豹皮毛为银灰色，浑身缀着深色的玫瑰斑点与圆斑点，是一种很好的隐蔽色。雪豹行动敏捷，善于跳跃。每年1～3月中旬为雪豹的交配期，这期间雪豹频繁用尿迹、尾腺、抓痕在活动区内标记。雪豹在6～7月产仔，一窝产一仔到六仔。妊娠期为93～110天。雪豹一般单独活动，偶有雪豹成群活动。哺乳期的母雪豹带领幼雪豹一起活动。

为了适应高原环境，雪豹有发达的鼻腔，被毛下有厚厚的绒毛。四肢较短，仅60厘米高，胸肌发达，善于攀援。成年雪豹的尾巴长达1米，几乎与身体等长。当雪豹躺下时，它将尾巴盘在身体上保暖(Sunquist 和 Sunquist，2002)。雪豹的主要捕食对象是岩羊（*Pseudois nayaur*）、北山羊（*Capra ibex*）、鬣羚（*Naemorhedus sumatraensis*）、盘羊（*Ovis ammon*）（图3-27）。雪豹也捕食鼠兔（*Ochotona* spp.）、草兔（*Lepus capensis*）、雉鹑

图 3-27　一对盘羊母子（蒋志刚摄）

图 3-28　雉鹑（徐爱春摄）

（*Tetraophasis obscurus*）（图3-28）、雪鸡（*Tetraogallus altaicus*）等。在夏季，有人曾发现雪豹的食谱中约一半食物是旱獭（*Marmota spp.*）。有时雪豹也捕食家畜，据估计每个高原游牧聚居点的每年大约2%的家畜被雪豹捕食。

雪豹像其他许多野生动物一样，面临偷猎、生境破碎、食物资源衰竭、食物链断裂等生存危机（Sunquist 和 Sunquist，2002）。于是，国际自然保护联盟将雪豹列为濒危物种。《濒危野生动植物种国际贸易公约》也将雪豹列为该公约的附录I，禁止国际间贸易。我国将雪豹列为国家一级保护野生动物。

中国雪豹保护对于世界的雪豹保护有着举足轻重的意义。然而，我们缺乏对雪豹的种群数量、生态习性、活动规律的了解，有关雪豹的科学研究还处于起步阶段，这些都不利于我们开展有效的保护工作。

2006年3月至5月在国际雪豹基金会（International Snow Leopard Fund）的资助下，我们开展了"中国都兰国际狩猎场雪豹调查"项目。在位于青海省都兰县东昆仑山支脉布尔汗布达山区的都兰国际狩猎场（北纬35°35′～36°14′，东经97°27′～97°36′），用我们与北京龙创太阳能自控技术有限公司联合研制的"豹眼I型-自动感应照相系统"在青藏高原首次拍摄到了雪豹的野外生态照片。

图 3-29　藏原羚（蒋志刚摄）

都兰国际狩猎场地处东昆仑山支脉布尔汗布达山区，面积130多平方千米，气候类型为高原高寒大陆性气候。每年5月植被开始返青，9月植被进入枯黄期。地势开阔，地貌类型多样，植被茂盛，分布有高山柳、金露梅等灌丛和牧草，为野生动物栖息繁衍提供了适宜的生境。当地野生动物资源丰富，有岩羊、藏原羚（*Procapra picticaudada*）（图3-29）、白唇鹿（*Cervus albirostris*）、马鹿（*Cervus elaphus*）、盘羊、喜马拉雅旱獭（*Marmota himalayana*）、高原兔（*Lepus oiostolus*）、马麝（*Moschus chrysogaster*）、雪豹、狼（*Canis lupus*）、藏狐（*Vulpes ferrilata*）、猞猁（*Lynx lynx*）、雪鸡和石鸡（*Alectoris chukar*）等。

12. 虎

虎（*Panthera trigus*）在动物分类系统中的地位为哺乳纲食肉目猫科虎属虎种。

2004年1月16日，一只东北虎出现在辽宁省新宾满族自治县样尔沟村，咬伤了当地一名村民后，被套夹勒死在村庄的后山上，这个消息成为中国的一个热点新闻。东北虎伤人事件过去近半月后，样尔沟村村民仍然"谈虎色变"。当日夜间，吉林珲春自然保护区管理局用远红外线自动照相机在当地拍摄到了野生东北虎照片。2006年9月15日黑龙江东宁县三岔口镇新立村也发生了虎噬人事件。这一切事件表明：久违的东北虎回归了！

虎作为一种猛兽，其保护是一个难题。一方面，虎是生态系统中的顶级肉食动物，虎的存在表示生态系统结构与功能的完整，而在人口稠密地区，虎可能伤人。而在人工养殖条件下，虎繁殖得很成功，目前，中国各个虎繁育中心"虎丁兴旺"，这些虎养殖场每日为虎的口粮担忧。若要将人工繁殖的虎放归自然，在何处放归也是一个难题。

虎是亚洲特有的动物，化石证明虎起源于亚洲。在我国已经发现的虎类化石中，时间最早的虎化石是瑞典地质学家安特生于1920年在河南渑池兰沟第三十八地点发现的，它的地质年代至少距今200万年以上。其他学者认为虎起源于亚洲中南部的中华古猫。中华古猫也生活在200万年以前。

在陕西蓝田公王岭出土了距今110万年左右的现代虎化石。这具虎化石只有一段上颌和一件不完整的下颌，上颌被发现时和人类祖先之一的古蓝田人头盖骨紧密地结合在一起。这两件虎骨标本已经与现生虎的虎骨没有什么区别，只比现生虎的虎骨稍微大一点。

原始的虎在我国起源后，沿着几个方向向亚洲其他地方扩散。其一是沿着西北方向的森林和河流进入亚洲西南部，扩散至现在的青藏高原以北，直达里海和土耳其东部，或向北扩展到达西伯利亚一带。另一个方向是沿南和西南方向进入东南亚，最终抵达苏门答腊、爪哇、巴厘等印度尼西亚群岛，或再向西进入缅甸和印度次大陆地区。然而，虎未能穿过阿拉伯沙漠到达非洲，也未能越过高加索山脉进入欧洲。在扩散过程中，原始虎为适应各地气候、生活环境和猎物，逐渐演化为体型大小、身体斑纹、生活习性和繁殖特点有一定差异的亚种，形成了爪哇虎（*P. t. sondaica*）、巴厘虎（*P. t. balica*）、里海虎（*P. t. virgata*）、苏门答腊虎（*P. t. sumatrae*）、印支虎（*P. t. corbetti*）、华南虎（*P. t. amoyensis*）、东北虎（*P. t. altaica*）和孟加拉虎等8个亚种。其中，巴厘虎分布于印度尼西亚巴厘岛，于20世纪40年代灭绝；里海虎分布于土耳其至亚洲中部和西部一带，于20世纪70年代灭绝；爪哇虎分布于印尼爪哇岛，于20世纪80年代灭绝。

现生的5个虎亚种中，东北虎体型最大，体色较淡，体毛较长而密。条纹间隔较宽。胸部与腹部均为白色，分布于俄罗斯西伯利亚、我国东北小兴安岭和长白山一带。东北虎体长约158～225厘米，雄性体重达180～306千克，雌性体重100～167千克。东北虎主要捕食狍、马鹿、野猪以及小型哺乳动物。雌性东北虎的领域为100～400平方千米，而雄性东北虎的领域达到800～1000平方千米。据估计，俄罗斯远东、中国东北有160～230只东北虎。苏门答腊虎体型最小。东北虎脸部周围的颊毛较长，胡须脚也长，全身俄黄色，黑色条纹显著，狭窄且较密。雄性苏门答腊虎体重100～150千克，雌性苏门答腊虎体重75～100千克，苏门答腊虎分布于印度尼西亚的苏门答腊岛。据估计，野外有400～500只苏门答腊虎。

我国从1996年开始进行了历时数年的全国陆生野生动物调查，其中也包括了虎的调查。根据2004年6月10公布结果，确认目前分布于我国境内虎有4个亚种，即东北虎、华南虎、印支虎和孟加拉虎，其中东北虎约14只，印支虎约17只，孟加拉虎约10只。由于华南虎的分布和数量过低，只能通过专项调查补充。假如野外还有华南虎存活，数量不过几只。根据这一最新统计结果，我国虎的总数不超过50只（唐继荣、蒋志刚，2004）。

(1) 东北虎

东北虎又叫西伯利亚虎（图3-30），雄性东北虎一般身高0.9米，身长可达3米，尾长1米左右，体重180～320千克，最高记录重达384千克。雌东北虎的体重只有雄虎体重一半多一点。

东北虎适应北方的气候和生活条件，在零下35℃的低温环境中活动自如。同时为了在北方地理背景下隐藏自己，躲避天敌和伏击猎物，东北虎的体毛呈淡黄色，是所有虎中颜色最浅的，黑色条纹比较窄。

东北虎主要在森林中栖息、捕食和繁殖。东北虎是大型肉食动物，每只东北虎的领地面积往往达50～200平方千米，雄性的活动范围更大，即使这样大的地方它们也常常食不果腹。

东北虎一般没有固定的巢穴，大多在各自领地中游荡捕食，只有在母虎产仔时才有临时性的窝。它们白天一般潜伏在隐蔽或阴凉处休息，主要在清晨和傍晚捕食，夜间也经常活动。如果连续几天

图 3-30　东北虎（蒋志刚摄）

没有捕到猎物而饥饿难耐时，或在严寒的冬季，东北虎白天也会出来活动。东北虎喜欢捕杀大中型猎物，如驯鹿、马鹿、狍子、梅花鹿、野猪等，其次为麝、獾类等，虎偶尔也袭击熊或牛羊。

每年11月到翌年2月是虎的发情交配期。这时成年虎会离开自己的领地外出寻找伴侣，组建临时性的家庭。在这段时期，雄虎发出的响亮啸声能够传到2千米外，足以让远处的雌虎听见。东北虎也通过在领地周围喷洒粪便、尿液或在石头、树干上磨蹭臀部等身体外露部分，留下自己的气味来吸引异性，或根据所发现的气味标记来判断其他个体的性别、年龄，作出停留、与同性个体竞争或离开的决定。经过3个半月怀孕期后，雌虎会选择一个安全、舒适的地点产下一窝幼仔，数量少则1仔，多时5仔，一般只有2～3仔。

幼虎依靠母亲提供乳汁和保护，在随后的2～3年里，幼虎模仿学习母虎的各种捕食技能。母虎在育幼期不发情交配，直到幼虎独立生活为止。所以在自然状况下，雌虎平均两年半才繁殖一次，因而，虎种群增长缓慢。

历史上，东北虎曾经分布在黑龙江(俄罗斯称阿穆尔河)、松花江和乌苏里江两岸，我国东北山区和俄罗斯西伯利亚、朝鲜半岛的广阔区域。19世纪中期，东北虎的分布范围仍然很大，西自外贝加尔雅布洛诺夫山谷、北至外兴安岭，东到库页岛、南达我国燕山山脉及朝鲜半岛北部，都有虎分布。

东北虎曾经分布到华北北部。河北省围场县曾是清朝皇帝的狩猎场，康熙至嘉庆的140年间(公元1681～1821年)几乎每次围猎都能捕获到虎。但自从1912年后围场县就再没有虎的记载，虎在那里已经绝迹。

从20世纪初开始，东北虎的生存空间开始逐渐缩小，20世纪下半叶东北虎分布区显著退缩，到20世纪90年代末期时，东北虎的活动地域已由亚洲东北部退缩到乌苏里江流域，主要分布于俄罗斯锡霍特山脉一带。目前东北虎仅分布于我国东北、俄罗斯远东地区和朝鲜北部局部地区。伴随着活动范围的缩小，东北虎数量也锐减。

1930年，东北虎数量至少有500只，且大部分个体分布于中国境内。据有关报道，1930年苏联远东地区东北虎数量不少于50～60只，1940年数量达到最低点，只有40只左右。由于1940年以后大批猎人离开或参加卫国战争，这时锡霍特山的虎种群开始增长。1950年以后我国开始捕虎，林区人口数量的激增，许多东北虎被迫迁移到前苏联远东地区，东北虎分布区的西南边界已退到吉林省辉发河流域和集安、浑江一带。

1974～1976年调查时发现辉发河流域和鸭绿江上游集安县境内已经没有虎分布，抚松县境内也仅存6只虎，至此东北虎分布区的西部界线已退缩到抚松以东。1981～1984年，东北虎在长白山一带的分布区分裂成几个孤立的分布区域。20世纪80年代末期，东北长白山区的虎已经基本绝迹，只有少数个体残存于吉林珲春县春化林区。

20世纪20年代，少量的虎还在石勒喀河流域以东活动范围。1967年夏天曾经在石勒喀河河口附近沃斯克拉新克打死过一只雌虎，这可能是黑龙江上游一带林区最后一只虎，以后这一带再也没有虎出现的记录。

我国的小兴安岭曾是东北虎的主要产地，1913年仅在汤原县一带就捕获28只虎。20世纪50年代在小兴安岭林区虎的分布范围还很广，但数量已不多，到80年代初期虎已经在小兴安岭绝迹。

黑龙江省东部的完达山、老爷岭和张广才岭曾经是东北虎的主要活动范围。1907年中俄铁路修通后，来自俄罗斯捕虎队多次进入牡丹江一带狩猎虎，虽然这一时期东北虎数量有所下降，但分布范围仍很广。即使到了20世纪50年代初，松花江地区虎的数量还不少。20世纪50年代以后，在这些地区的定居的人越来越多，东北虎的生存环境遭到破坏。人为干扰以及1953年以后开展的大规模捕杀老虎运动，使东部山地东北虎的分布区和数量快速下降，到70年代中期时仅有76只左右的东北虎。1990年初期，黑龙江林区仅存10～14只东北虎。

(2) 孟加拉虎

孟加拉虎（图3-31），又名印度虎，分布在印度、尼泊尔、孟加拉、不丹和中国西藏。1758年，瑞典自然学家林奈将孟加拉虎定为虎的指名亚种。据估计目前约3159～4715只野生孟加拉虎，各国的动物园中还有约333只孟加拉虎。孟加拉虎是目前数量最多、分布最广的虎亚种。

成年孟加拉虎的体毛棕黄底，黑色条纹。另外动物园中有少量白底黑纹的孟加拉白虎。雄性孟加拉虎体长约290厘米，体重约220千克；雌性体长约250厘米，体重接近140千克。

孟加拉虎很少上树，但善于游泳。酷热天气，孟加拉虎会入水中降温。孟加拉虎的生境包括常绿阔叶林、灌丛、红树林、河谷林地

图3-31　孟加拉虎（唐继荣摄）

和热带雨林。孟加拉虎以野鹿、野猪、野牛、小象和小型哺乳动物为食，食性随分布地点而变化。饥饿时，孟加拉虎几乎捕食任何动物：禽类、鱼类、蜥蜴、蛙类、鳄类，甚至噬食动物尸体。孟加拉虎捕食时，先悄悄地潜伏接近猎物，在距离足够近时，然后猛扑擒住猎物，给猎物致命的一口。捕食那些体重约为其自身体重一半的猎物时，孟加拉虎通常咬住猎物的颈背，而捕食那些体重更大的猎物时，则通常咬住猎物的喉咙。孟加拉虎捕食成功的机率只有1/20。一只成年孟加拉虎一年至少要猎杀50只水鹿，才能维持生存。曾有孟加拉虎食人的报道，研究发现，那些食人的孟加拉虎通常是老龄、受伤的虎或者是那些还没有离开过分拥挤的领域的未成年虎。

孟加拉虎一般单独活动，有时也形成3～4只的群体活动，但是群体常由母子或正在发情期的个体组成。雄性孟加拉虎的领域约为30～105平方千米，雌性约为10～39平方千米，雄虎的领域常常覆盖几只雌虎的领域范围。一年内孟加拉虎能多次发情，然而多在季风雨季后受孕，孕期为3个半月，幼虎在2月与3月之间出生。一窝2～4崽，最多可达6崽，但是，一般只有2到3只幼崽成活。仔虎4～6月龄断奶，那些进入繁殖雌虎领域的陌生雄虎会杀死雌虎的幼崽，所以幼虎崽离不开母虎的保护。断奶后2年中，幼虎仍依靠母虎提供食物和保护。所以，雌虎每隔2～3年才产一胎。有研究报道雌虎会让一部分领域给女儿。研究者也发现过多达9只孟加拉虎在一起进食，这些虎都是其中一只捕食到猎物的雌虎的后代。

那些白底黑纹的白色孟加拉虎是孟加拉虎的一种变异（图3-32），那些白虎身上的黑纹实际上是栗色纹。白虎在自然界极为罕见，目前只能在动物园中见到。白虎的眼睛为蓝色，有时也发现个别有其他颜色的条纹和眼睛的白虎个体。白虎不是独立的虎亚种，也不是得了白化病的虎（白化病个体的眼睛为粉红色），而是由于体内一个控制体色的基因由黑色的显性等位基因突变为栗色（chinchilla）的隐性等位基因。

1951年，第一只白色变异的孟加拉虎在印度中部丛林中发现，是一只雄性虎仔。当时它已被母虎遗弃。它被人收养后起名为莫汗（Mohan）。莫汗长大后与一只体色正常的雌孟加拉虎交配，产下了3只体色正常的幼仔。几年后，莫汗与它的一个女儿交配，产下

图 3-32　孟加拉虎的一种基因突变型（白虎）（蒋志刚摄）

了第一胎白虎幼仔。栗色突变基因是隐性基因，只有当孟加拉虎雌雄双方都携带栗色突变基因时，它们的幼仔才会成为白虎。目前白虎在动物园和野生动物园形成了白虎品系，养殖的白虎大都与莫汗有血缘关系，因此，白虎是高度近交的群体。于是，有人从物种保护的角度出发，不赞成过多饲养白虎，因为白虎高度近交，基因纯合，丧失了野外生存能力与计划潜力，然而，它们却占用了本可用于其他动物保护的资源。

印度动物园从1880年起开始繁殖孟加拉虎，最近几十年中，孟加拉虎人工繁殖非常成功。不过一些动物园的孟加拉虎开始与一些外来虎杂交，血统变得不纯。

20个世纪，孟加拉虎数量急剧下降。1971年，利用孟加拉的足迹数量调查估算当时野外大约有1800头孟加拉虎。为了保护虎，国际上开展了拯救虎的运动。印度1972年通过了《野生动物保护法案》（Wildlife Conservation Act），并设立了最初的9个保护虎的自然保护区。到1989年，孟加拉虎的数量回升到4334只。国际自然保护联盟猫科动物专家小组1998年曾估计印度有2500到3750只孟加拉虎，这些孟加拉虎分布在66个自然保护区内。此外，尼泊尔有93～97只孟加拉虎，生活在3个自然保护区里；不丹有50～240只孟加拉虎，生活在4个自然保护区内；孟加拉国有约360只孟加拉虎，生活在3个自然保护区内。经过30多年的保护，孟加拉虎种群数量有所恢复，但是，仍面临着偷猎、保护经费、保护区周边社群发展等问题。

(3) 华南虎

华南虎（图3-33）体长约145～180厘米，雄性体重达150～225千克，雌性体重90～120千克。体毛较东北虎短，约40～50毫米，体色为橘黄色，接近红色，背部体色较深，全身具黑色纵纹，色深而宽且较密。曾分布于我国东南、西南和华南各地。

作为我国特产的华南虎，历史上曾广布于华东、华中、华南、西南和陕西部分地区、甘肃东部、河南西部及山西南部，以湖南和江西为中心。从地理位置上看，华南虎分布区东起闽浙交界地带，西至青藏高原和川西地带，北起豫晋边界地带，南至两广，东西长约2000平方千米，南北宽约1500平方千米，约占国土面积的1/3。但目前华南虎活动仅在以福建为中心的少数地方有零星报道，其分布范围是所有虎中分布区最狭窄的。2005年底，在北京举行的"拯救华南虎国际研讨会"上，有专家认为华南虎已经在野外灭绝，因为人们在野外已经多年未见华南虎了，近年的几次大规模野外考察也未发现华南虎。研讨会上也有专家认为目前野外尚有华南虎，但是其数量已不足20只。华南虎是最濒危的虎亚种。

华南虎是亚热带常绿阔叶林森林生态系统中顶级肉食动物，以

图 3-33　华南虎（唐继荣摄）

捕食有蹄类动物为主的。半个世纪以前，华南虎是亚热带常绿阔叶林森林生态系统中的捕食者，它维系着生态系统的食物网结构稳定与能量的流动。在20世纪50年代初期，估计亚热带常绿阔叶林森林生态系统中生存着4000只以上的华南虎。由于大规模猎杀与生境破坏，野外的华南虎种群崩溃了。近年来多次野外考察未能在中国南部发现华南虎存在的证据。目前，华南虎主要生活在动物园与繁育中心，是所有虎的亚种中最濒危虎亚种之一。中国正在努力恢复自然生态系统，主要靠自然演替，在亚热带人工植被中的大多数有蹄类动物种群仍未能恢复。尽管由于缺乏捕食者，生活在森林与农区交错区的野猪种群已经危害了农作物与自然植被。当华南虎从亚热带常绿阔叶林森林生态系统消失后，那些生态系统再也不保持其原有的功能了。亚种是华南虎的主要保护单元。O'Brien研究组早期曾研究了28只华南虎的样本，发现不同的虎亚种之间只存在很小的遗传差异，于是，质疑华南虎是否存在亚种分化。但是，该研究组最近利用更多的样品研究结果支持原来虎的亚种划分，并发现了更多的遗传分化。圈养华南虎明显地分为两个支系：*P. t. amoyensis*，传统的华南虎亚种，以及一个新的亚种*P. t. corbetti*，当然这些结果需要进一步研究。于是，华南虎的进化意义更加凸现。然而，我们是否还有纯种的华南虎？纯种的华南虎对于虎的保护来说重要吗？在2005年12月"拯救华南虎国际研讨会"上，专家们探讨了华南虎的圈养繁殖，华南虎放归自然的程序与方法，与会专家建议严格按照世界自然保护联盟物种存活委员会重引入专家组推荐的物种重引入指南，采取软释放的方式，在亚热带森林生态系统中重建华南虎种群。

(4) 印支虎

印支虎分布于越南、老挝、泰国、马来西亚、中国和缅甸。体型较孟加拉虎小，雄性体长270厘米，体重145～200千克，雌性体长240厘米，体重80～120千克。印支虎腹部呈白色，头部条纹较密，耳背为黑色，有白斑。印支虎休毛较华南虎短，体色较华南虎浅，条纹短而窄。印支虎栖息地为森林、雨林、草地及沼泽。印支虎以野猪、野鹿、野牛和小型哺乳动物为食。估计目前有1227～1785只野生印支虎，在亚洲和美洲的动物园中还有约60只印支虎。

第四章　物种的利用与贸易

野生动植物利用与贸易是物种保护与可持续发展关系中的核心内容（Broad等，2003）。对野生动植物的直接与间接需求加剧了对地球上野生动植物资源的消耗，然而，野生动植物既是生物资源又是生态环境的构件，对野生动植物资源的过度消耗，不但将影响资源的再生，而且会影响生物圈的生态系统功能（蒋志刚，2001a）。

一、野生物种资源

早期的人类完全依赖野生动植物资源生存，今天在地球上的许多经济欠发达地区，人们仍在很大程度上依赖野生动植物提供生活资源，工业社会对野生动植物的商业性开发也加剧了野生动植物资源的消耗。对野生动植物的过度贸易开发是物种濒危的原因之一，是对生物多样性的严重威胁。

野生动植物是一类可再生的资源。在原始社会，野生动植物曾是人类衣食来源，人类的生存完全离不开野生动植物资源。尽管随着人类社会的发展，现代人类生存对野生动植物的依赖程度下降，但是，野生动植物作为药材、食品、装饰品、狩猎纪念品、工艺品、毛皮羽制品和宠物的需求却在增加，人们通过合法的、非法的渠道在国内外市场上进行野生动植物贸易活动。

二、野生物种利用

对野生动植物资源的开发分为生存性开发和商业性开发。生存性开发野生资源是指当地居民为了生存的需要，对野生动植物资源进行的开发利用。通常生存开发具有两个特点：①开发野生动植物资源的目的不是为了商业性盈利；②开发野生动植物资源是为了家庭消耗，且开发利用的规模小。商业性开发指的是为了贸易和商业盈利目的而对野生动植物资源进行的大规模开发（蒋志刚，2001b）。

在人类进入农耕文明之前，其生产和生活资料完全来自自然界，野生动植物是人类的食物和用品来源。在早期人类社会商品交换中，野生动植物产品也占有一定地位，对促进社会发展起到了重要作用。

　　近代农业和工业满足了人们衣食住行所需的物资，但人类仍然需要野生资源。据估计，北美消耗的6.6%的动物蛋白来自鱼类，欧洲消耗的12%动物蛋白来自鱼类，在非洲为19%，在亚洲则达到29%。目前，全世界每年渔业渔获量为1亿吨左右。世界上20个国家的渔获量占世界总量的80%，其中，中国的渔获量居第一位，年产量达1000万吨，其次是日本、秘鲁、智利和美国，年渔获量为580万吨左右（Moulton 和 Sanderson，1999）。

　　野生动植物为许多人口提供了食物，特别是为贫困人口提供了生活来源。Bennett 等（2000）报道，马来西亚的Sarawah州Kelabits人的食物中67%的肉类是野生来源。在利比亚，人们消费的肉类75%来源于野生生物（Anstey，1991）。因此，野生动植物贸易对欠发达地区的人口有重要意义（周志华，2003）。

　　20世纪50年代，我国平均年产野生动物皮张1900万张，20世纪60年代平均年产1300万张，20世纪70年代则下降到平均年产700万～1000万张；20世纪70年代末，我国每年猎取65万头黄麂，14万～15万头赤鹿，10万头毛冠鹿，河南省的野兔最高年产量达298万只。估计全国野生动物每年提供野味5万多吨（陆健身，1997）。

　　加拿大马鹿养殖场平均收入约为8万加拿大元；约有30个马鹿养殖场平均收入达50万加拿大元。加拿大的马鹿、驼鹿养殖场的资本价值总额超过13亿加拿大元。美国1934年通过了野鸭印花法，要求猎人猎获每只野鸭前购买价值1美元的印花。该法实施第一年就带来了60万美元收入，以后又提高到3美元一只，印花税收入增加到600万美元，为各种水禽保护项目提供了可观的资金（Camp和Daugherty，1988）。为了获得犀牛角，犀牛

图4-1　犀牛（蒋志刚摄）
（为了获得犀角，犀牛遭到了非法猎杀，野生犀牛种群下降。在美国，开展了犀牛的人工繁殖。）

遭到了非法猎杀，野生犀牛种群下降。在美国，开展了犀牛的人工繁殖，以扩大犀牛种源（图4-1）。

野生动植物，特别是野生植物，是人类重要的药物来源。据世界卫生组织估计，80%的发展中国家依赖于传统药物，其中85%使用植物或其有效提取物，这意味着有30亿人口依赖于植物药物（Kala，1993）。各种动植物携带的丰富基因，成为人类未来治疗新疾病的药物来源。1996年，全球药用和芳香野生植物的贸易量超过440 000吨，价值13亿美元（Lange，1998）。

西药中也使用了很多来自野生动植物的提取物，例如自红豆杉提取的紫杉醇（图4-2），对治疗癌症有显著疗效，每年我国向美国出口大量提取液；还有银杏黄酮和青蒿素等，均是新发现的药品。目前美国约1/4的配制药品含有从植物产品中提取出来的成分（世界资源研究所，1995）。

野生动植物贸易活动传播了传统文化，促进了世界各国间的了解。由于野生动植物贸易与人类社会的发展相关。许多动植物产品都有明显的地方特色，代表了当地的文化艺术水平，如许多传统的雕刻工艺，以象牙、树根等天然材料为原料，艺术品的题材也经常是当地特产的野生动植物。以获取药材和香料为目的的贸易，促进

图 4-2　红豆杉（谢宗强摄）

了各洲间的交流与不同文明的融合（周志华，蒋志刚，2003）。

全球的野生动植物贸易量巨大。例如，20世纪80年代全球热带鱼贸易量达3.5亿条，野生兽皮贸易量达1500万张，非洲象牙的贸易量达9万付（表4-1）。在20世纪90年代下半期，珊瑚的年均贸易仍达1000万架，蛇皮和蜥蜴皮的贸易量都在100万以上（表4-2）。仅在1999年一年，土耳其出口1900万株植物球茎，中美洲和越南出口了53 000多株野外采集的兰花，从越南还出口了200多吨兰花干茎到南韩。美国出口了30吨西洋参（UNEP-WCMC，Broad等，2003）。

国际野生动植物贸易的目的地是发达国家。世界花鸟贸易量的65%流入欧盟，欧盟还消耗了了全球鱼子酱的一半。欧盟野生植物的贸易占全球野生植物的贸易3/4（表4-3）。

表4-1　20世纪80年代全球的野生动植物贸易统计 (Broad, et al., 2003)

分类单元或产品	数　量
活灵长类动物	40 000只
非洲象牙	90 000付
野生兽皮	15 000 000张
活鸟	4 000 000只
爬行动物的皮张	10 000 000张
热带鱼	350 000 000条
兰花	1 000 000株

表4-2　20世纪90年代后期全球野生动物贸易的年均统计 (Broad, et al., 2003)

分类单元或产品	数　量
蜥蜴皮	1 600 000张
蛇皮	1 100 000张
野生兽皮	150 000张
活鸟	150 000只
活爬行动物	640 000只
珊瑚	10 000 000架
鳄鱼皮	300 000张
狩猎战利品	21 000具
鱼子酱	300吨

表4-3 近年来欧洲共同体合法进口的 CITES 附录物种或产品 (Broad, et al., 2003)

分类单元或产品	数　　量	占全球的总贸易量 (%)
灵长类动物	7000只	30
活鸟	850 000只	65
活的爬行动物	55 000条	15
植物	800 000株	75
鱼子酱	15吨	50

　　统计野生动植物贸易量十分困难。然而，统计野生动植物贸易金额更困难。根据联合国环境开发署（UNEP）的资料，不包括木材与鱼类，全球野生动植物贸易额为40亿~50亿美元。Iqbal（1995）估计全球非木材林产品的贸易额为110亿美元，加上木材和渔业水产品，全球所有野生动植物产品进口价值接近1600亿美元（表4-4）。

表4-4 20世纪90年代前期全球野生动物贸易年贸易额估计值 (Broad, et al., 2003)

分类单元或产品	金额（百万美元）
活动物	
灵长类动物	10
笼养鸟类	60
两栖爬行动物	6
观赏鱼类	750
制革或观赏的动物产品	
哺乳动物皮张及制品	750
爬行动物皮张	200
爬行动物皮制品	750
贝壳	200
观赏珊瑚	20
天然珍珠及制品	90
药用的动物产品	
野生有蹄类动物产品（鹿茸、麝香等）	30
蛇产品	5
海马	5

分类单元或产品	金额（百万美元）
食用的动物产品	
野味	120
蛙腿	60
燕窝	65
食用蜗牛	460
活的观赏植物	
"野"植物	250
非木材林产品	11069
小计	14 900
渔业水产品	40 000
木材	104 000
总计	158 900

野生动植物产品的特征：①野生动植物产品的地域性很强；②野生动植物产品通常产量不高，一种产品的加工和贸易活动仅为少数企业或人员所熟悉；③物以稀为贵，一些珍稀野生动植物产量较低，价格较高，决定了这类产品的最终消费者有较强的购买力（周志华，2003）。

三、贸易对物种的影响

贸易可能导致物种的过度开发利用，导致许多物种濒危或绝灭，还带来了生态环境的破坏。目前地球上24%的哺乳类和12%的鸟类处于绝灭的危险中，其中34%的哺乳类和37%的鸟类面临的主要威胁是过度开发利用。Wilcove等（1998）分析了美国《濒危物种法案》中1880种受威胁或濒危物种，认为17%的物种（包括脊椎动物和无脊椎动物）受到过度开发的威胁，过度开发是仅次于栖息地丧失和外来种引进的第三大因素。

1. 肉苁蓉

人们大概永远忘不了2002年3月20日北京那场遮天蔽日的漫天黄沙，呛人的黄沙横扫华北地区。

关于北京的风沙，人们已经有过许多讨论并作了深入的调查工作。现已经查明了北京风沙的三大源头以及影响中国北部、特别是北京地区的三条沙尘传输路径，即从内蒙古二连浩特、浑善达克沙地，经张家口、宣化到北京的北路；从阿拉善中蒙边境

图4-3　肉苁蓉（蒋志刚摄）

经河西走廊、呼和浩特、大同、张家口到北京的西北路；以及从新疆哈密经河西走廊、西安、太原到北京的西路。国家已经在开始下大气力治理风沙。但是，在植树种草的同时，我们应当做的事情还有许多。如中国沙区中药材的采挖问题。沙漠地区植被稀疏，生长的植物本来不多。但是，就是在那些贫瘠的土地却生长着一些珍贵中药材，如肉苁蓉（图4-3）。

肉苁蓉是多年生肉质草本寄生植物，人称"沙漠人参"。肉苁蓉寄生在梭梭和柽柳的根部，为名贵中药，《本草纲目》记载肉苁蓉，"此物补而不峻，故有苁蓉之号"，"其温而能润，补而不燥，滑而不泻，常补不峻"。肉苁蓉具补肾阳，益精血、润肠、通便之功效，可治阳痿、不孕、腰膝酸软、筋骨无力、肠燥便秘等肾虚症状。

肉苁蓉为古地中海列当科孑遗植物，对于研究亚洲中荒漠植物区系具有一定的科学价值。由于肉苁蓉寄生在梭梭和柽柳的根上，肉苁蓉的分布区与梭梭的分布区一致，在内蒙古阿拉善高平原、青海柴达木盆地、新疆塔里木、准噶尔盆地都能找到肉苁蓉。蒙古国南部的梭梭荒漠中也有肉苁蓉分布。

根据采挖季节，肉苁蓉分为夏苁蓉和秋苁蓉2种，其中夏苁蓉产量约占肉苁蓉总产量的90%左右。人们四、五月间带上水和干粮到荒漠里采挖肉苁蓉，出芽的肉苁蓉在寄主植物地面周围像春笋一样钻破土层。根据地表特征，能判断出是否有肉苁蓉生长，然后刨开梭梭周围的土，把肉苁蓉采出来。由于肉苁蓉寄生在梭梭和柽柳的根上，采挖时会损伤寄主植物的根系，导致寄主植物的死亡。

大量采挖肉苁蓉和过度放牧、砍伐柴薪使沙区植物受到严重破坏，导致肉苁蓉数量急剧减少。据报道，每千株梭梭中仅有7株寄

生了肉苁蓉。因此，肉苁蓉已经被列入《濒危动植物种国际贸易公约》附录Ⅱ。在此意义上，肉苁蓉是贸易受到严格控制的国际濒危物种。

采挖肉苁蓉的原动力来自国内市场的需求和外贸的牵动。肉苁蓉是许多中成药的原料之一。它具有的"壮阳补肾"之功效，是目前消耗量极大的保健品和食疗的原料。每年国内外市场对其需求量很大。根据国家濒危物种科学委员会2001年出口贸易统计，肉苁蓉的外销市场主要为日本、韩国和东南亚国家，原料出口量为11 755千克，平均价格为每千克5.67美元。同期国内市场价格为每千克40元人民币。如果单从经济效益衡量，肉苁蓉出口和内销并无显著差异。但肉苁蓉出口却需要我国背负产地生态环境破坏的严重后果。

由于上述原因，近年我国肉苁蓉产量锐减，供不应求，市价上升。国家濒危物种科学委员会针对肉苁蓉在野外的生存现状，意识到保护肉苁蓉与治理沙漠防治风沙的意义，2001年10月之前对申请外贸出口的肉苁蓉贸易严格审核，之后鉴于其日趋严重的资源濒危和环境破坏的后果，会同国家有关主管部门停止了对肉苁蓉的出口贸易审批。此项措施虽然使有些从事肉苁蓉的出口单位和地方蒙受了一些损失，但从保护我国西部生态环境、保证国家西部开发战略的健康执行，具有重要的长远意义。

2. 对虾

对虾是重要的海产品。20世纪70年代前，中国海洋渔场对虾捕捞量一直保持较高水平。20世纪70年代中国对虾年产量均在4000吨以上，1973年创历史最高水平，达4991吨。20世纪后期，我国沿海对虾资源逐步衰竭（图4-4）。1980年后，中国对虾愈来愈受到国内和国际市场的青睐，对虾捕捞强度愈来愈大，捕捞船只不断增加，捕捞工具也不断改进，各地捕捞亲虾现象时有发生，从而造成产卵亲虾数量下降。每年夏季沿海岸蜂起的港养虾池以及沿岸小型手抄网、定置网渔具等，使对虾资源遭到严重破坏。对虾还是国际竞相捕捞的对象，日、韩、朝国渔民都参与捕捞，日本渔民则把中国黄海对虾渔业视为"钱柜渔业"，每当中国对虾集结越冬的冬汛和游离越冬场进行生殖洄游的春汛时，他们就集中了船网高强度地捕捞

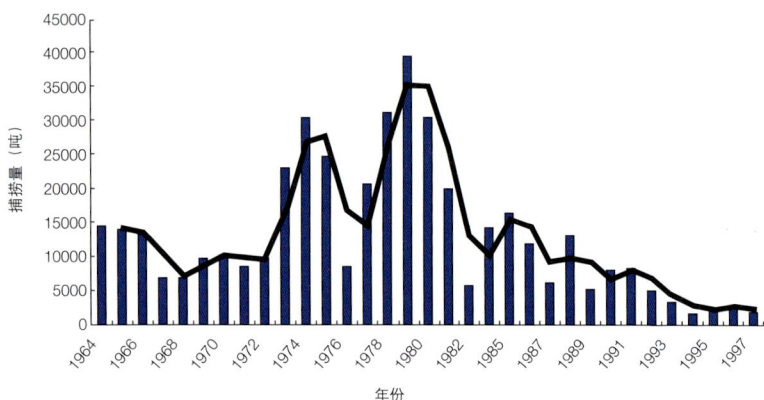

图 4-4　中国沿海对虾的捕捞量（数据来源：国家海洋监测中心）

产卵亲虾。所有这些都影响了对虾资源的世代补充量，使海洋岛渔场对虾产量在低水平上徘徊（王明俭，2002）。由于过度捕捞以及辽宁、天津等工业发达地区河道污染严重，致使渤海湾渔业资源遭到严重破坏，同乐鱼绝迹，对虾、螃蟹、平鱼、黄花鱼、毛蚶形不成渔汛。

　　贸易活动一旦超出物种的承受能力，将严重破坏自然资源，使濒危的物种数量增加。宠物市场的交易，已经使得全球的鹦鹉减少了40多种（世界资源研究所等，1995）。不断加长的IUCN濒危物种名录和CITES附录，表明贸易活动正在威胁越来越多物种。人类过度开采利用对野生动植物的生存造成了极大的威胁，对其资源量的保持和发展已进入到不容忽视的阶段(周志华，蒋志刚，2003)。

　　经济学家分析认为，贸易活动负面影响野生动植物资源的原因，可表现为野生动植物贸易活动中的市场干预失灵（周志华，蒋志刚，2004 b）：

　　成本外部化：许多野生动植物价值的丧失被作为外部成本，开发者不关心这些成本。当整个行业都忽略外部成本时，市场价格就会低于社会最优价格，造成过量开采。

　　不当估值：野生动植物包含多种价值，但人们往往仅重视直接使用价值。

　　产权界定模糊：许多野生动植物的所有权没有明确，同时缺乏监督和控制其使用的机制。例如，某一片森林被确定为国有，而分布其中的野生动植物却很难确定其所有权。有的资源同时属于多个所有者，但任何一方都无法制约其他各方的行动。分布在公海中的鱼类，在国际海洋公约制定之前，没有明确的所有权划分。即使签署国际公约之后，鉴于鱼类的迁移性，所有权管理也存在很大的困难。而模糊的所有权往往会导致鱼类资源的过度开发，即Ostrom（1977）所说的"共同所有的悲剧"。

针对这种情况，蒋志刚（2005b）探讨了生物遗传资源的属地所有权原则，提出了生物遗传资源的元所有权与衍生所有权、生物遗传资源的修饰权概念。所谓生物遗传资源的元所有权即对生物遗传资源的载体——动植物体及其生殖细胞，以及生物的遗传信息都拥有的所有权。生物遗传资源的衍生所有权即那些对一种生物遗传资源拥有元所有权的国家对这种生物遗传资源被商业修饰后，仍拥有的部分所有权利。

四、中国野生物种贸易的现状

目前，野生动植物在国内市场的主要贸易形式是中药材、观赏植物、宠物和野味。

1. 药用野生动植物

中药的来源主要是动植物，根据最近一次全国中药材资源调查统计，中国有12 809种中药材资源，其中有11 146种植物，占中药材资源87%，1581种动物，占中药材资源12%。根据国家药品监督管理局资料，截至2002年底，我国有5900家药品生产企业。其中,中药厂1005家，经营药品业务的企业11 429家。1999年，我国出口的中药为15万吨。2000年，我国的中草药及其制品进出口额为6.6亿美元。中医药消耗的动植物中相当一部分来自野生动植物，加上人们普遍认为野生的中药材比家养的、人工栽培的中药材药效好，更加重了中药材产业对野生动植物的消耗。

根据国家药品监督管理局提供的资料，20世纪90年代，我国中药年均出口值5.46亿美元，1995年中药年出口值达到顶点，7.7亿美元。2000年，我国中草药及其制品进出口额为6.6亿美元。20世纪90

年代初，我国保健品市场曾达到年销售额300亿～400亿元人民币，超过中药工业的产值。

麝香产自麝科（Moschidae）（部分学者将其归到鹿科Cervidae）麝属动物雄性个体腹部的麝香囊（图4-5）。我国是世界麝的主要分布国和麝香的生产国，共分布有原麝（*Moschus moschiferus*）、林麝（*M. berezovskii*）、马麝（*M. sifanicus*）、黑麝（*M. fuscus*）和喜马拉雅麝（*M. chrysogaster*）5种麝，前3种为生产麝香的主要种类。麝栖息在高山针叶林和灌丛带，以灌木、草本、苔藓和蘑菇为食。

麝香是重要的中成药成分和高级香水的定香剂。麝香可以消炎和止痛，还具有促进其他药物发挥药效的功效。由于独特的药用效果，麝香在中成药、方剂和民间验方、偏方中广泛使用。我国现有的几种国宝级中药，如安宫牛黄丸、片仔癀、苏和香丸、云南白药、六神丸、麝香保心丸，绝大多数含有麝香。1962年版《全国中药成药处方集》6000余方中有295种含麝香处方；历代中医典籍方书15 018方中，含麝香的处方有884方。现在市场上有多达350种含麝香的药品。这些药方尚不包括藏、蒙、彝等少数民族的医药和民间流行的大量偏方、秘方等。

估计，我国中医药行业每年消耗麝香1000～1500千克，相当于30 000～50 000头麝的产香量（Jiang 等，2001）。我国人工养麝只能提供7～8千克的麝香，麝香的主要来源是野生麝。麝主要分布于中国、俄罗斯和尼泊尔。欧洲市场上麝香的价格从1870年时，每1克麝香相当于0.5克黄金，2000年上升到1克麝香相当于8克黄金。

20世纪80年代以前，我国约有100万～300万头麝，年均产麝香约2000千克。近20多年来，由于过度捕猎、栖息地破坏和

图4-5　麝（蒋志刚摄）

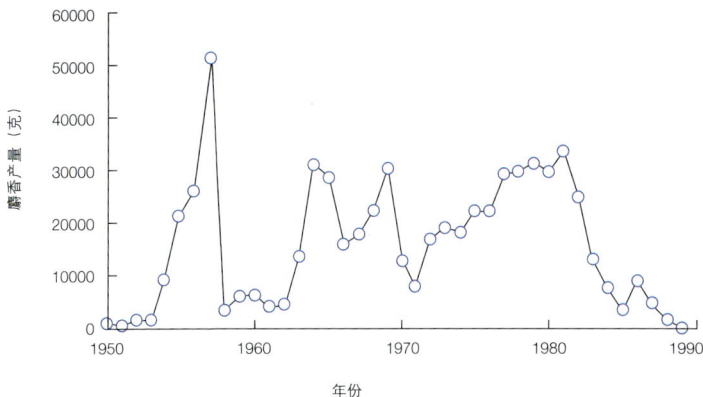

图 4-6　宜昌县、秭归县、兴山县和巴东县的麝香产量

麝香生产经营管理上的失误等原因，麝数量急剧下降，麝香产量枯竭。例如，宜昌县、秭归县、兴山县和巴东县的麝香产量，20世纪50年代末曾达50 000克，而在20世纪90年代这些县的麝香产量接近枯竭（图4-6）。最近公布全国麝的数量不足10万头，这些麝面临偷猎的严重威胁。为加强保护，国家已将麝从国家二级重点保护动物调整为一级重点保护动物。

　　1958年，我国有关单位即开始研究人工养殖麝和人工合成麝香。20世纪80年代，人工养殖麝至今仍只有2000多头人工养殖种群，年产麝香数十千克，与国内目前数千千克的需求相距甚远。有关研究机构合成了人工麝香，1993年由国家卫生部批准可与天然麝香等同使用。但由于药效、习惯等因素，部分中医药厂家和药品仍在大量使用天然麝香。麝香中含有大环化合物16种，性激素甾族化合物15种；含蛋白质25%，包括肽类和氨基酸、胆固醇、酯和蜡、无机盐。现有研究表明，这些成分的药效不尽相同。因此，单靠合成其中一些成分应不可能具有天然麝香的全部功效 (Jiang等，2001)。

　　高额的利润诱使人们疯狂地偷猎麝。人们狩猎麝的方式从早期用猎枪猎杀发展到用钢丝套套麝。相对于开枪猎杀来说，钢丝套是一种隐蔽的高效的偷猎方式，并且是一种十分便宜的偷猎方式。偷猎者利用从废车胎中抽取的钢丝下套，一天能在山上下几百个钢丝套。20世纪末，在四川、云南和西藏的一些森林中，钢丝套布设得像天罗地网一般，不分雌雄老幼个体都能套上。不仅对麝种群造成了毁灭性破坏，而且对其他野生动物种群造成了严重伤害。我国的麝资源从建国初期的200万～300万头，下降到今天的5万～8万头。并且这种下降的趋势仍在继续。

据统计，1957至1986年新疆共采挖约58万吨甘草，最高年采挖量达44 051吨，导致采挖地点的土地严重沙化。2000年，新疆甘草的收购量仍居高不下。我国长期以来一直是天然麻黄素原粉的主要出口国，最多时年出口量可达到500吨，20世纪90年代，全国每年因采收麻黄而被破坏的草场可达2700公顷。以前新疆当地可用于加工的麻黄蕴藏量为24万吨，每年采收量为1400吨，而目前麻黄资源严重减少。甘肃河西走廊原有麻黄蕴藏量4000～5000吨，目前过度采收已使麻黄基本绝迹。因原料缺乏，国内一批生产麻黄素的药厂相继停产，未停产的平均实际生产能力仅为设计能力的41%，最低仅为30%（张存龙，王润芳，2002）。

2. 观赏野生动植物

兰是我国传统的观赏植物，国兰包括春兰（*Cymbidium goeringii*）（图4-7）、蕙兰（*C. faberi*）、建兰（*C. ensifolium*）、墨兰（*C. sinense*）、寒兰（*C. kanran*）、莲瓣兰（*C. tortisepalum*）和春剑（*C. tortisepalum var. longibracteatum*）等6种和1变种，广泛分布于我国长江流域以南地区（罗毅波，2005）。

罗毅波（2005）报道了国兰的分布和资源状况。春兰广布于我国亚热带地区，是国兰中栽培与观赏历史最为悠久的种类。目前，各地的野生春兰资源都遭受不同程度的影响，其中尤以浙江、江苏、安徽、广西、贵州、云南、四川和重庆等地最为严

图4-7　春兰——大元宝（周波摄）

重。在这些地区已很难见到开花的野生春兰植株。

兰科植物在野生状况下需要特定的动物传粉者授粉。由于动物传粉者有一定活动范围，当野生植物种群的开花植株个体密度下降到一定程度时，不同个体之间的异花授粉就难以实现，只能被迫进行自花授粉而进行繁衍后代。自花授粉后代的生活力由于近交衰退而明显下降，进而影响整个种群的生活力，最终导致种群衰退和绝灭。由于这种间接的影响需要一个较长时期的过程才能表现出来，因此，往往被人们忽略（罗毅波，2005）。

我国许多地区有养鸟与观鸟的习俗。许多鸟类，如红嘴相思鸟(图4-8)、鹩哥、百灵等鸟类，目前尚不能在人工饲养状态下繁殖，只能从野外抓捕。在抓捕、饲养和贩运的过程，这些鸟类由于环境胁迫而大量死亡。每年为了维持观鸟这一习俗，要消耗大量的野生鸟类。此外，我国还是观赏鸟的出口国，据海关统计，2000年我国出口的非食用的野生动物为1074万只（周志华，蒋志刚，2004a）。

图 4-8　红嘴相思鸟（唐继荣摄）

3. 食用野生动植物

中国南方一些地区的饮食文化，飞禽走兽，不论是来自高山海洋，几乎无所不吃，无所不尝（周志华，2003）。

龟鳖是传统的食物，还是传统医药。中国许多古籍和动物药志都记载了龟类入药的情况。以往的龟鳖贸易主要在国内市场进行。1990年以后，中国沿海居民经济收入增加后，一些人把食用野生动物作为满足夸富心态和好奇心理的一种方式，使得中国的龟鳖类动物受到前所未有的猎捕压力。近年来，龟鳖自然生境遭到破坏，人类猎捕活动没有得到有效控制，致使野生龟鳖迅速减少。赵尔宓（1998）主编的《中国濒危动物红皮书——两栖类和爬行类》收入了36种龟鳖类，其中16种为濒危，8种为极危，6种数据缺乏，云南闭壳龟、鼋和斑鳖已经在野外灭绝，这几乎囊括了所有中国原产的龟鳖类物种。

从20世纪90年代开始，我国的龟鳖类进口数量增长。中国越南边境的野生动植物贸易种类中有60%是淡水龟鳖，有时一天的贸易量达到几十吨。上海市场发现了22种龟，其中9种产自国外，在上海，龟鳖主要是作为食品和宠物贸易。我国近年来大量进口龟鳖，使东南亚地区龟鳖类种群面临绝灭的危险。2001年在柬埔寨和2002年在中国昆明举行的CITES公约动物委员会龟鳖类工作会议上，与会专家对这个问题表示了极大的关注。CITES第11届缔约国大会为此专门通过了关于保护亚洲及其他地区淡水龟鳖类的决议。目前，中国的陆龟科和淡水龟科多个物种被列入《濒危野生动植物种国际贸易公约》附录II，严格控制国际贸易。

在《本草纲目》中即记载了中国南方的食蛇习俗。20世纪90年代后期，仅上海地区的餐馆每年要吃掉1000吨蛇，2000年，安徽全省蛇类的贸易量为91.6吨。同年广西每年进入市场贸易的蛇类达1800吨，广东省吃掉了3600吨蛇。估计2000年，全国吃掉的蛇达6000吨以上。如果按一条蛇重0.75千克计算，全国每年吃掉的蛇达1000多万条，而这些蛇类可以吃掉1亿～2亿只鼠类！由于过度捕捉蛇类数量急剧下降，生态系统的食物链结构被破坏，一些地区鼠害猖獗。鼠既危害了庄稼，又可能传染疾病（Zhou 和 Jiang，2004）。

蛇类曾是中国的传统出口商品（图4-9至图4-12）。但是从20世纪90年代开始，我国蛇类出口大幅度下降。2001年与1990年相比，蛇皮出口量下降了80%以上，活蛇出口则下降了90%（Zhou 和 Jiang，2004）。而同期我国蛇类进口却呈增长趋势，其蛇皮的进口数量在1993年达到高峰，此后一度下降，目前正处于稳步增长阶段。活蛇进口量一直呈现明显的上升趋势，年增长率约为30%左右（图4-13）。显然，我国已经从蛇类的净出口国转变为蛇类的净进口国。这意味着我国蛇类资源面临枯竭，有可能通过国际贸易而将消费压力转移到其他国家。

贸易活动在对野生动植物的过度开发利用中一直扮演着十分重要的角色，如果不控制，则跨国贸易的物种越来越多，非法贸易的规模会越来越大（周志华，2003）。

图 4-9　蝮蛇（唐继荣摄）

4-10　灰鼠蛇（唐继荣摄）

4-11　绞花林蛇（唐继荣摄）

图 4-12　王锦蛇（唐继荣摄）

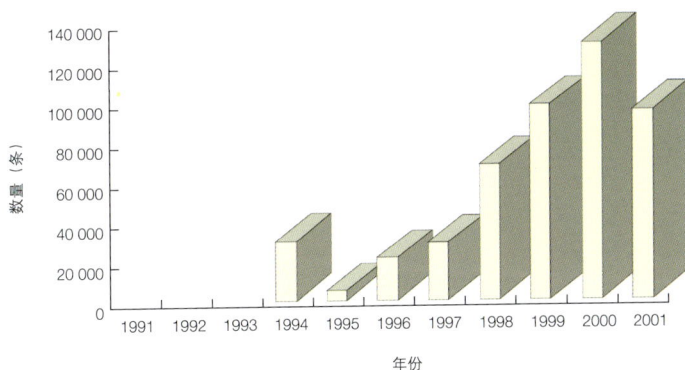

图 4-13　中国 1991 ~ 2001 年蛇类进口情况

　　从20世纪90年代开始，我国在野生动植物国际贸易中的角色已经从出口国转变为进口国。例如，2002年，我国进口的鱼翅达4646吨，价值2551万美元，除去2064吨是来料加工以外，其余的鱼翅都在国内作为食品销售。鱼翅是主要用鲸鲨和姥鲨鱼翅加工而成，由于鱼翅贸易危及了鲨鱼的生存，2002年CITES公约缔约国大会将

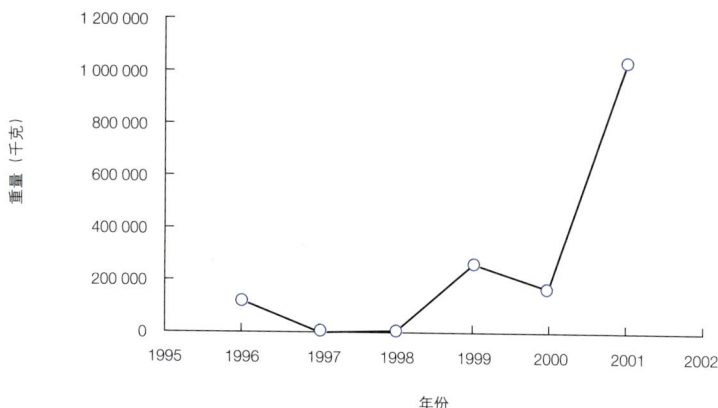

图4-14　1996～2002年中国黑斑蛙冻肉的出口量

鲸鲨和姥鲨列为公约附录II物种，开始控制鱼翅的国际贸易（周志华，蒋志刚，2004a）。

野生动植物种会在特定情况下成为其他非野生动植物产品的替代品，而导致贸易数量迅速上升。最明显的例子是蛙腿的贸易。2000年以前，中国的黑斑蛙（*Rana nigromaculata*）冻肉出口数量一直浮动在10万至20万千克。但2001年夏季，出口申请猛增至100万千克，几乎是原来的5至10倍（图4-14）。国家濒危物种进出口管理办公室不得不要求采取限额管理。究其原因，2001年2月欧洲出现疯牛病和口蹄疫大规模爆发，致使市场上的人们经常消费的肉类，如牛肉、猪肉销售量下降，一些贸易商开始寻找新的动物蛋白质来源（周志华，2003）。

第五章　全球物种濒危形势

地球是人类与其他生物共同生存的"诺亚方舟"，但是，由于人类增长与无节制活动，这只"诺亚方舟"正面临着倾覆的危险。突出的例子是地球上的野生动植物的生存危机。物种的进化与灭绝是一对生与死的平衡。导致物种灭绝的原因很多，有自然因素也有人为因素。随着世界人口的剧增，人类活动开始严重影响地球环境及其生物多样性：森林砍伐及其片断化、过牧与开垦、环境污染、偷猎走私、过渡捕捞、水利工程建设及外来物种引入的影响，成为导致生物多样性丧失的主要原因（陈灵芝，马克平，2001）。许多生物的生存受到了前所未有的挑战，发生了许多的生物的灭绝（图5-1）。生物多样性保护因此得到了世界各国的关注，各国政府和相关组织纷纷致力于生物多样性保护及可持续利用的策略研究和实施工作。

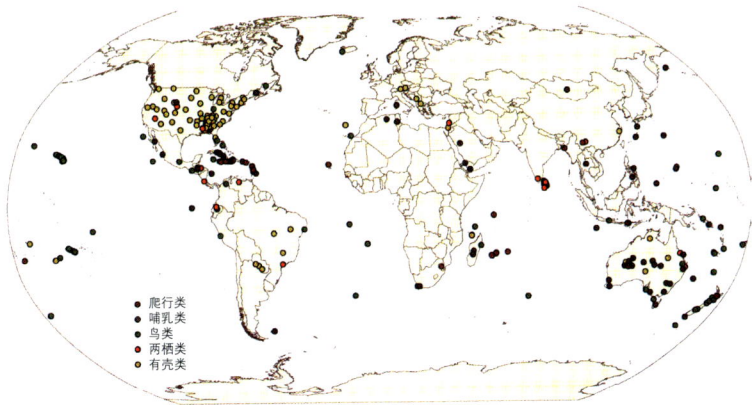

图 5-1　物种灭绝事件的分布（Baillie 等，2004）

（由于对美国的物种研究得较为透彻，因此，在图中美国记录到的物种灭绝事件也较多）

一、从"寂静的春天"谈起

1962年，一部影响深远的环保著作——《寂静的春天》出版了。北美大平原上，一座小镇坐落在像棋盘般整齐农场中央，被麦地、果园、树林、小河、草地包围着。春天来到了，小草萌芽了，朵朵繁花点缀在绿色的原野上。这时，小镇的人们突然发现，春天里如期蜂拥而至的鸟类不见了，小镇变得静悄悄的了。蕾切尔·卡逊虚构了一座美国小镇，但那确是当时许多美国小城镇的缩影，由于农药的过度使用，剧毒农药DDT杀死许多动物，还影响了自然界鸟类的繁殖，于是，春天变得静寂了。

美国前副总统戈尔在《寂静的春天》的序言中写到："《寂静的春天》第一次出版时，公众政策中还没有'环境'这一款项。在一些城市，尤其是洛杉矶，烟雾已经成为一些事件的起因，虽然表面上看起来还没有对公众的健康构成太大的威胁，……除了在一些很难看到的科技期刊中，事实上没有关于DDT及其他杀虫剂和化学药品的正在增长的、看不见的危险性的讨论。《寂静的春天》犹如旷野中的一声呐喊，用他深切的感受、全面的研究和雄辩的论点改变了历史的进程。如果没有这本书，环境运动也许会被延误很长时间，或者现在还没有开始。"这是对《寂静的春天》一书公正的评价。

作者蕾切尔·卡逊（图5-2）是一位研究鱼类和野生资源的海洋生物学家。《寂静的春天》出版后，卡逊受到攻击的程度不亚于当年达尔文出版《物种起源》。然而，卡逊在论战中一直尊重事实且勇气非凡。现在事实证明她在《寂静的春天》中的警言是正确的。当蕾切尔·卡逊写作《寂静的春天》时，她患了乳腺癌。蕾切尔·卡逊十分坚强，在写作的同时，强忍着切除乳房的痛苦，同时还接受着放射治疗。《寂静的春天》出版2年后，她逝世于乳腺癌。具有讽刺意味的是，新的研究证明了乳腺癌与有毒环境化学品有着必然联系。戈尔说："从某种意义上说，卡逊确确实实是在为她的生命而写作。"

《寂静的春天》影响广

图5-2　蕾切尔·卡逊

泛，美国政府于1970年成立了环境保护局主管环境保护，环境保护局还接管了原来由美国农业主管的农药的审批。美国各州也相继通过立法来限制杀虫剂的使用，最终停止了生产和使用剧毒杀虫剂，包括曾获得诺贝尔奖的DDT等。令人遗憾的是虽然这些剧毒杀虫剂已经禁止生产和使用，但人们却仍不得不依赖其他农药来维持粮食产量，有些地方，包括中国某些地区，人们至今仍在非法地生产和使用着被禁止使用的农药。据统计，发展中国家由于农药使用不当而发生的死亡事故每年都有上万起，约有150万～200万人急性农药中毒。

其实，人类活动早就开始影响地球的物种生存与分布。1837年7月8日，达尔文乘"贝格尔"号到达圣赫勒拿岛时就注意到，岛上90%以上的植物都是从英国本土运来的。圣赫勒拿岛上鸟和昆虫种类和数量很少。然而，英国人只运来了一些鹧鸪和野鸡，外来物种排斥本地物种。达尔文愤怒地指出，当地关于保护野鸟的法令没有考虑到当地穷人的利益。当地穷人常常从悬崖峭壁上采集一种草，把这种草燃烧后从草灰中提取苏打。可是这种副业却遭到禁止，其借口是：如果那样做的话，鹧鸪就要没有地方筑巢了。

达尔文发现圣赫勒拿岛上曾经生长过的森林早被16世纪初英国人运到岛上来的山羊和野猪彻底毁灭了。外来物种也影响到了陆生软体动物，达尔文发现有岛上8种陆生软体动物只剩下了埋藏在土壤中的空壳。这种活的软体动物已经看不到了，它们是随同森林的被毁灭而一起被灭绝的。

达尔文在亚森松岛发现了许多体型较小的家鼠，为了消灭各种老鼠，这里运来了一些猫，但是由于猫繁殖得太快，反而酿成了岛上一场更大的灾祸。

仅以IUCN发布红色名录（红皮书）为例，从1996来到2004年，全球的濒危植物种数目从5328种增加到8321种，濒危脊椎动物数目从3314种增加到5274种（表5-1）。

据2004年IUCN红色名录估计，当代的物种灭绝速率大约是地球典型历史物种灭绝速率背景值高100至1000倍。

动物的绝灭速率正在呈上升趋势。以哺乳动物为例，过去的400年中，全世界共绝灭了58种哺乳动物，平约每年绝灭0.15种哺乳动

表 5-1 1996 年以来受威胁物种数目的变化 (Baillie 等 , 2004)

濒危物种数目	1996/98	2000	2004
脊椎动物			
哺乳动物	1096	1130	1101
鸟类	1107	1183	1213
两栖动物	124	146	1856
爬行动物	253	296	304
鱼类	734	752	800
小计	3314	3507	5274
无脊椎动物			
昆虫	537	555	559
牡蛎	920	938	974
甲壳类	407	408	429
其他	27	27	30
小计	1891	1928	1992
植物			
苔藓	0	80	80
蕨类	0	0	140
裸子植物	142	141	305
双子叶植物	4929	5099	7025
单子叶植物	257	291	771
小计	5328	5611	8321
其他			
地衣	0	0	2
小计	0	0	2
总计	10 533	11 046	15 587

物。大约平均每7年绝灭一个种，这个绝灭速率较化石记录高7至70倍。 20世纪内地球上已经绝灭了23种哺乳动物。平均每年绝灭0.27种，每4年中就有一种哺乳动物从地球上消失了，当前的哺乳动物绝灭速率较正常化石记录高13到135倍。大家也许会说，这个数字并不高。但是，要知道今天地球上的生物多样性是经历了40 多亿年的进化历程才出现的。现在，在地球上生活着约4000种哺乳动物，如果

目前物种绝灭的趋势继续下去，世界上的哺乳动物将在1万～2万年的时间内会全部消失。

尽管现有关于海洋和淡水生物物种的灭绝信息非常有限，然而，来自北美的初步证据表明在淡水生境中发生了较多的灭绝。海洋生物物种比原来想象的耐受威胁的能力差。

自1600年以来，所有的生物类群中都出现了物种绝灭，以哺乳

表 5-2　2004 年灭绝或已野外灭绝的物种数目 (Baillie 等 , 2004)

物种	灭绝	野外灭绝	总计
脊椎动物			
哺乳动物	73	4	77
鸟类	129	4	133
两栖动物	21	1	22
爬行动物	34	1	35
鱼类	81	12	93
小计	338	22	360
无脊椎动物			
昆虫	59	1	60
牡蛎	7	1	8
甲壳类	291	12	303
其他	2	0	2
小计	359	14	373
植物			
苔藓	3	0	3
蕨类	3	0	3
裸子植物	0	2	2
双子叶植物	78	20	98
单子叶植物	2	2	4
小计	86	24	110
其他			
地衣	1	0	1
小计	1	0	1
总计	784	60	844

动物和鸟类的绝灭比例为高（表5-2），更多的物种面临着生存的危机，即濒临灭绝的危险（表5-3）。近年来，随着对两栖动物与爬行动物了解的增加，人们发现两栖动物与爬行动物已经是生物类群中最为濒危的类群（表5-3）。受威胁的两栖动物占已经研究过的两栖动物的32%，受威胁的爬行动物占已经研究过的爬行动物的61%。常见的雨蛙（图5-3）数量也在下降。

图 5-3 日本雨蛙（陈彬摄）

据我国1962年、1973年、1980年、1984年和1989年颁布的野生动物保护名录统计，列入名录的哺乳类、鸟类、爬行类、两栖类和鱼类种类，1962年为59个分类单元，其中处于濒危状态的I级保护种类27个分类单元，到1989年则增加到376个分类单元，其中，列为Ⅰ

表 5-3　主要动物类群受威胁物种的数目与比例（Baillie 等, 2004）

动物类群	已描述物种	已评价物种	受威胁物种	受威胁物种占已描述物种(%)	受威胁物种占已评价物种(%)
脊椎动物					
哺乳动物	5416	4853	1101	20%	23%
鸟类	9917	9917	1213	12%	12%
两栖动物	5743	5743	1856	32%	32%
爬行动物	8163	499	304	4%	61%
鱼类	28 500	1721	800	3%	46%
小计	57 739	22 733	5274	9%	23%
无脊椎动物					
昆虫	950 000	771	559	0.06%	73%
牡蛎	70 000	2163	974	1%	45%
甲壳类	40 000	498	429	1%	86%
其他	130 200	55	30	0.02%	55%
小计	1 190 200	3487	1992	0.17%	57%

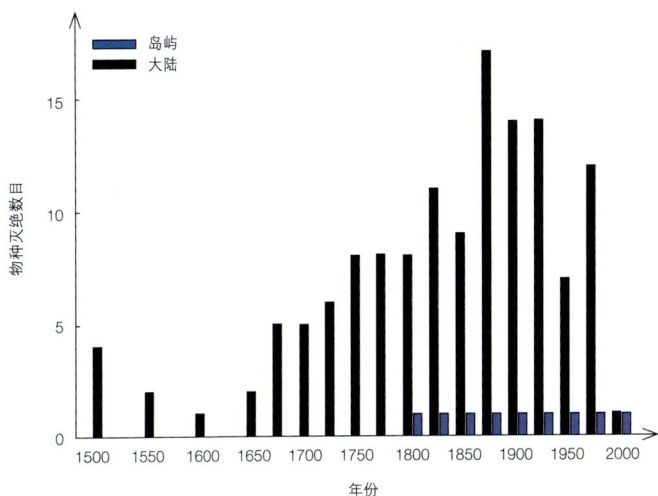

图 5-4   1500 年以来发生的大陆与岛屿物种的灭绝（Baillie 等 , 2004）

级保护的种类达101个分类单元种，高于世界平均水平。

从1500年以来，世界上发生了844次有记载的物种灭绝，此外，208个物种可能已经灭绝，但是需要进一步的调查核实。由于不完全的纪录和不均衡的独立区域与分类类群抽样，这些灭绝不代表真正的物种灭绝数目。

尽管岛屿物种在历史上经历了较多的灭绝，发生在大陆的物种灭绝越来越频繁，在过去的20年中，发生在大陆的物种灭绝已经占所有灭绝物种的50%（图5-4）。

二、全球植物濒危情况

IUCN红色名录评估了全球动植物物种保护状况。《1996年IUCN濒危物种红色名录》是全球物种评估历史的一个转折点，它应用IUCN1994年创建的新的量化标准，对所有鸟类和哺乳动物的保护状况都做出了评估，是第一个全球性的名录，结果比以前的更加综合和系统。

为了更好的编制全球物种红色名录，IUCN物种生存委员会组建了一个在世界各地运行的科学家及合作组织网络系统，通过对物种生物学和保护状况的了解，提供最全面的有关物种的科学知识库。

从1998年起，物种生存委员会启动了IUCN红色名录项目，试图提供全球生物多样性衰退情况的索引，并确认和整理出急需保护的物种以采取措施减少全球的灭绝速率。

1998年4月28日，同时在伦敦、华盛顿、开普敦和堪培拉发布的第一份《IUCN濒危物种红色名录》揭示了每8种植物就有不只1种植物濒临灭绝。这份由世界保护监测中心（WCMC）编写，由IUCN出版的《1997年IUCN濒危物种红色名录》，是IUCN与世界许多科学家和重要植物学研究机构20年合作的成果。其中包括英国邱园及爱丁堡皇家植物园、美国大自然保护协会（TNC）、史密松研究院自然历史博物馆、纽约植物园，澳大利亚环境部、联邦科学工业研究组织生物多样性信息协会，以及南非国家植物研究所等。IUCN集中了各地专家的评估，展示了植物物种多样性的现状：

（1）已知的约270 000种高等植物中，有12.5%，即33 798种被认为濒临灭绝。这些植物归属于369个科，分布于世界200个国家或地区。

（2）在红色名录收入的植物种类中，91%的种仅分布于一个国家，局限的地理分布会导致物种更为脆弱，并且可能减少其接受保护的机会。

（3）大量已知具有药用价值的植物种类正濒临消失，使其尚未完全发挥治愈人类疾病的潜力。例如，红豆杉科植物75%的种都是重要的抗癌药物资源，但它们正受到绝灭的威胁。阿斯匹灵提取于柳科植物，但该科植物12%的种受到威胁。

（4）分布于东南亚的龙脑香科植物，其中包括一些重要的用材树种，其32.5%的近亲种都受到威胁。

（5）随着一个个物种的消失，我们便失去了获得重要遗传材料的机会。这些遗传材料可能对生产供人类和动物消费的耐用消费品曾有过贡献。

（6）许多常见植物的近亲种濒临绝灭。例如14%的蔷薇科植物、32%的百合科植物及32%的鸢尾科植物都受到绝灭的威胁。

植物迅速消失的原因各异，但生境的消失和外来种或非乡土种的引种是两个主要原因。红色名录揭示的现状，在全世界范围内敲起了警钟：生物财富最易受到绝灭的威胁，因为各个民族对其生物资源的认识和鉴赏远不如对其物质和文化资源的认识和鉴赏，所以，要保护全世界的植物种类，需要政府、科研院所、植物园及自然保护组织之间更多的合作。

《1997年IUCN濒危物种红色名录》显示了每个国家的濒危植物种数及所占本国高等植物总数的百分比，其中，巴西2.4%，中国1.0%，德国0.5%。濒危植物种数越多说明这个国家的调查和评估工作做得就越彻底，而那些种数低的国家则可能表明还没有或没有充分地对本国的高等植物进行调查和评估。值得注意的是，提供资料最全的3个国家：美国、澳大利亚、南非，它们的濒危物种在本国的高等植物中所占的百分比都很高，分别是29%、14.4%和11.5%。

在《1997年IUCN濒危物种红色名录》所列物种中，91%都是原产于单一国家的特有种，这就是说这些特有种已知的种群仅限于一个单一的国家。这种高百分比濒危特有种，部分是由于植物分布区的局限性导致较大的生存威胁。岛屿或群岛的特有种通常多，特有植物所面临的威胁程度也特别大。在所列含高百分比濒危植物的10个地区中有7个是岛屿：非洲的圣赫勒拿岛、毛里求斯、塞舌尔、留尼旺岛，南美的牙买加，大洋洲的法属波利尼西亚，太平洋的英属皮特凯恩岛。由于搜集资料的途径不同所致，IUCN红色名录所列的许多种植物可能并非是单一国家的特有种。进一步的资料搜集到后，特别是在南美、非洲及亚洲，可能会发现很多的跨界特有种。

全球的高等植物有511科。根据《1997年IUCN濒危物种红色名录》，其中有372个科含有全球性的濒危或已绝灭的种，大科含有更多的濒危物种。除了19个濒危单种科（一科仅一个种，即100%的种都受到威胁）之外，还有20个科至少有50%的种都受到威胁，其中有8个科是裸子植物。裸子植物受到的威胁很突出：①它是较小的分类群；②许多裸子植物广泛开发为用材树种和园林树种，野生种群受到严重的破坏；③裸子植物是一个古老的种群，难于适应迅速变化的周围环境。相比之下，蕨类植物受到威胁的程度就相对低一些，这可能是由于其孢子得到了有效的传播，也可能是因为我们对蕨类植物还没有进行充分的评估，对该群植物的现状还不甚清楚。

《1997年IUCN濒危物种红色名录》的出版标志着自然保护的一个里程碑。作为一个重要的自然保护工具，该书为评估自然保护进展提供了基础资料，其中包括所列物种的基本资料。《1997年IUCN濒危物种红色名录》揭示了380个种的野生种群已经绝灭，另外还有371个种介于灭绝/濒危状况。该书记录的只是已知的灭绝种类，肯定还有许多已经灭绝但我们却还一无所知的植物种类。此外，至少还有6522种定为濒危种，不加以保护，其中许多种不久肯定会列入灭绝种的行列。

三、全球森林SOS：《世界濒危树种名录》

1998年8月25日，当各国政府代表汇集于日内瓦讨论"全球森林危机"时，IUCN郑重宣布一部重要的自然保护书籍——《世界濒危树种名录》出版发行。这本名录警示人们：全世界10%的树种濒临灭绝，美国的濒危树种达259种，居世界第12位。

《世界濒危树种名录》受荷兰政府资助，是WCMC与IUCN物种生存委员会3年合作的成果。该名录记录了全球树种保护现状的首次调查结果，包括7300个种、亚种和野生变种。科学家估计，全世界共有8万～10万个树种。随着生态系统承受日益严重的综合压力，持续保护造福于人类的树种多样性十分必要。如果不采取有效措施扭转目前的趋势，《世界濒危树种名录》中记载的7300个树种有可能受到灭绝的威胁。这包括约1000个树种已被确信为濒临灭绝，其中有的仅存有一棵或几棵植株。随着对那些目前还知之甚少的树种的深入研究，《世界濒危树种名录》很有可能还要扩大。

在《世界濒危树种名录》中，马来西亚的濒危树种数位居榜首（958种），接着是印度尼西亚（551种）和巴西（462种），美国位居世界第12位（259种）。大约有1/4弱的濒危树种得益于自然保护措施。这些树种在自然保护区有记录的仅有12%，已引种保护的仅有8%。对树种的威胁正在加剧，如果不立即采取保护行动，有的树种将加入到《世界濒危树种名录》中。

对树种的威胁来自伐木、伐薪、垦荒兴农及扩建村落、失控的森林火灾、入侵外来种及断续的森林管理。由于森林砍伐而造成了1000多种树种濒临灭绝，说明持续森林管理应是当务之急。地球上多数物种依赖于树木而生存，热带森林栖息着世界上90%的陆地物种。如果我们不能拯救这些树木，那么对那些依赖于树木生存的所有其他物种的后果将是可怕的。

各国政府已经意识到加强森林保护、杜绝非法砍伐和改进森林管理的重要性。《世界濒危树种名录》提倡森林的永续管理、保护和恢复森林生境、控制外来入侵种，同时加大植物园、树木园和种子库的保护力度。

在IUCN红色名录项目的强力推动下，《2000年IUCN濒危物种红色名录》有了质的飞跃，与以前的红色名录相比，主要体现在：①增强了该名录作为保护工具的有效性；②收编了《世界濒危树种名录》中的所有种类，并进行了必要的更新；③对所有的针叶树种重新进行了深入分析；④新增了对喀麦隆、南非等国植物的评估，并对2个食肉植物属Nepenthes和Sarracenia进行了深入分析；⑤首次对近100种苔藓植物做了评估。

《2000年IUCN濒危物种红色名录》应用1994年IUCN红色名录等级与标准，对全球16 507个物种做了保护现状评估，其中11 406种被列为受威胁物种。收录了5611种植物，这个数量相对于动物种数而言，数量不少，但仅占已描述过的植物的4%左右。被评估的植物中受威胁的比例几乎高达50%。对针叶树种进行的评估比较深入，其中的16%被认为受威胁。针叶树种的这种高的受威胁比例也得到了美国大自然保护协会分析结果的支持。美国大自然保护协会认为美国有24%的针叶树受威胁，美国大自然保护协会还有一个惊人的结果：全美15 300本土高等植物中的1/3受到灭绝的威胁。这个数字比美国已评估的任何类群都要高出1个数量级。

分析和确定哪些国家拥有的受威胁物种的目的是使这些国家意识到他们保护和维护生物多样性的义务，负起管家的责任。但这种分析却有诸多困难：①由于分析受制于所面对的类群，特别受制于那些未做过深入研究和评估的类群，因此，存在着地域倾向，例如，澳大利亚、南非和美国的研究比较详尽，所以列入红色名录的物种比那些研究不足的地区多；②有些国家尽管对受胁物种做了大量的工作，但因未采用IUCN红色名录等级系统，造成在红色名录收录的困难；③国土面积大的国家更可能主宰红色名录中的前20位；④采用受胁物种占总物种数比例的做法也会带来问题，因为总物种数少的国家比物种多的国家易造成较大的误差率，例如，新西兰仅有4种陆生哺乳动物，其中的3种被认为受威胁。假如受胁的3种中有2种评估是错误的，受威胁的物种的比例降至25%。相反，印度尼西亚561种陆生哺乳动物中的135种受威胁。即使有2种评估错误，受威胁率也仅由24.1%降至23.7%。

虽然评估过的植物仅代表实际受威胁植物的很小部分，这些结果还是反映出：就受威胁植物而言，北半球不重要，而南美洲、中美洲、中非、西非及东南亚等热带地区才是最重要的。在前20个国家中，马来西亚拥有最多的受胁植物（681种），其中的大部分是深受采伐集团青睐的龙脑香科树木。印度尼西亚、巴西和斯里兰卡紧随其后，分别有384、338和280种受威胁植物。由于这些国家的植物区系没有深入研究，给出受威胁植物所占比例还不现实。美国是唯一一个列入前20位的非热带国家，红色名录仅列入了该国168种受胁植物。

《2004年IUCN濒危物种红色名录》共收录了包括动物、植物和真菌等共15 589个受威胁物种。整个名录是在对38 047个物种的评估基础上得出的，这还不到1 545 594个已描述过的物种的2.5%。因此15 589这个数字虽然比《2000年IUCN濒危物种红色名录》的11 406种增加了4183种，但总体看可能仍然偏低，约占已描述过的物种的1%。对38 047个物种评估的结果是：15 589种受到绝灭威胁，844种绝灭或野外绝灭，3700种近危或保护依赖，3580种数据缺乏，14 334无危。

15 589个受威胁物种中，植物占34%。其中，仅对针叶类和苏铁类进行了全面评估，它们的濒危比例分别为25%和52%。虽然在红色名录的被评估类群中，被评估的植物种类是最大的，但植物在红色名录中的代表性依然很差，列入的种类和分量仍然不足。对厄瓜多尔本土和也门岛屿群的特有植物受威胁程度进行了评估，结果支持21%的世界植物区系受到威胁的说法。

种子植物的数量存在很大争议，有多组估计的数字，这些数字介于223 300到422 127种（Thorne，2002；Scotland和Wortley，2003）。该名录采用了一个比较保守的数字259 000种（Thorne，2002）。《2004年IUCN濒危物种红色名录》对11 824种植物进行了评估，这仅占全球植物的4%，而且全球植物的近3%列为受威胁植物。各植物类群都有植物得到了评估，但只有裸子植物得到了全面的评估（表5-4）。

　　《2004年IUCN濒危物种红色名录》将8321种植物列入受威胁植物，其中，属于极危的1490种，属于濒危的2 239种，属于渐危的4592种(表5-5)，这与《1997年IUCN濒危物种红色名录》的33 798种受威胁植物比，存在很大出入。《1997年IUCN濒危物种红色名录》是在139 719个植物类群（包括亚种、变种、同种异名）数据库基础上形成的，其中14 861个植物类群在至少1个国家生存受威胁，但从全球看并不受威胁；该名录评估的物种数超过48 659种，采用的是1994年之前的定性的红色名录等级系统。严格地讲，该系统与1994

表 5-4　《2004 年 IUCN 濒危物种红色名录》中植物受威胁数量与比例
(Baillie 等 , 2004)

植物类群	已描述的植物种数	已评估的植物种数	受威胁植物种数	受威胁植物占已描述植物的比例	受威胁植物占已评估植物的比例
苔藓	15 000	93	80	0.5%	86%
蕨类	13 025	210	140	1%	67%
裸子植物	980	907	305	31%	34%
双子叶植物	199 350	9473	7025	4%	74%
单子叶植物	59 300	1141	771	1%	68%
总计	287 655	11824	8321	2.89%	70%

表 5-5　《IUCN 濒危物种红色名录》中植物极危、濒危和渐危 3 个等级的数量变化 (Baillie 等，2004)

植物类群	CR			EN			UV		
	1996/98	2000	2004	1996/98	2000	2004	1996/98	2000	2004
苔藓	0	22	22	0	32	32	0	26	26
蕨类	0	0	32	0	0	38	0	0	70
裸子植物	18	17	64	38	41	83	86	83	158
双子叶植物	823	896	1228	1089	1110	1825	3017	3093	3972
单子叶植物	68	79	144	70	83	261	119	129	366
总计	909	1014	1490	1197	1266	2239	3222	3331	4592

年和2001年的IUCN红色名录的等级和标准不可比。所以，《1997年IUCN濒危物种红色名录》的结果并未纳入《2004年IUCN濒危物种红色名录》的分析。显然，如何采用协调一致的评估方法和等级，是今后努力的方向。

与《2000年IUCN濒危物种红色名录》相比，《2004年IUCN濒危物种红色名录》评估的植物种数增加。11 824种被评估的植物被认为受威胁者多达8321种，占70%。受威胁植物的数量比1998和2000年的红色名录有显著增加（表5-6），这部分地反映出植物学者偏重于受威胁植物的倾向，这在苔藓植物的评估中表现得最明显。

表5-6 《IUCN 濒危物种红色名录》中受威胁植物的数量变化
(Baillie 等，2004)

植物类群	受威胁植物的数量		
	1996/98	2000	2004
苔藓	0	80	80
蕨类	0	0	140
裸子植物	142	141	305
双子叶植物	4929	5099	7025
单子叶植物	257	291	771
总计	5328	5611	8321

《2000年IUCN濒危物种红色名录》则因评估了7388种列入《世界受威胁树种名录》树种而具有偏向于濒危树种的强烈倾向。《2004年IUCN濒危物种红色名录》在评估植物时包括了不少非木本植物，使偏向于濒危树种的倾向有所缓减，但依然有7996种树木（占被评估植物的68%）被评估，其中5637种被列为受威胁。与无脊椎动物比，8321种受植物威胁这个数字看似很大，但只占全球植物总数的很小比例。

四、中国濒危植物物种档案

据IUCN保护监测中心估计，到20世纪末，全球将有50 000~60 000种植物受到不同程度威胁，换句话说，约每5种植物中就有1种遭受生存威胁。中国植物种类十分丰富，弄清中国植物数目和名称是一项长期而艰苦的工作。据统计，仅高等植物就有470科，3700属，30 000多种。其中许多是北半球地区早已灭绝的古老孑遗属种，单种属和少种属约1200余属。《中国植物志》和《中国孢子植物志》作为中国重大科学项目实施已有近50 年的历史。目前《中国植物志》已完成，各省、市的地方植物志也正在陆续出版；与国际合作的*Flora of China*已开始陆续出版，它是对中国植物名录的进一步修订；《中国孢子植物志》已陆续出版了若干卷（册），正在继续实施中。20 世纪90 年代，中国科学院开展的"中国生物多样性保护与研究"项目中，《植物物种多样性编目》就是其中的组成部分。2003 年科技部主持启动的"自然科技资源平台建设"是国家科技资源的战略规划性系统工程，由中国科学院植物研究所具体组织实施了"植物标本描述与共享试点"部分，它将通过10 年的建设，建立和完善中国植物资源的数据库，同时建立相关的名称库和异名库等。

长期以来，由于自然和人为的原因，致使许多有重要科学或经济价值的植物遭到严重破坏。据估计，在我国近30 000种高等植物中，计有200多个我国特有属，10 000 多个特有种；至少3000种处于受威胁或濒临灭绝的境地。为了加强植物保护工作，1982年7月，在国务院环境保护领导小组办公室和中国科学院植物研究所的主持下，组织召开全有关单位参加的《中国植物红皮书》编写会议，并正式成立编辑组。1992年，《中国植物红皮书》第一册正式出版。随后，该书的英文版也与读者见面。

《中国植物红皮书》参考IUCN红皮书等级制定，采用"濒危"、"稀有"和"渐危"3个等级。①濒危：物种在其分布的全部或显著范围内有随时灭绝的危险。这类植物通常生长稀疏，个体数和种群数低，且分布高度狭域。由于栖息地丧失或破坏或过度开采等原因，其生存濒危。②稀有：物种虽无灭绝的直接危险，但其分布范围很窄或很分散或属于不常见的单种属或寡种属。③渐危：物种的生存受到人类活动和自然原因的威胁，这类物种由于毁林、栖息地退化及过度开采的原因在不久的将来有可能被归入"濒危"等级。全书共列388种植物，对每种植物的现状、生态学和生物学特征、分布、数量和濒危原因进行了阐述，并且备有地理分布图和植物形态图。这388种植物中，蕨类占13种，裸子植物63种，被子植物

312种。其中，列入濒危的有121种，渐危的157种，稀有的121种。《中国植物红皮书》中的推动下，各省市相继出版了《稀有濒危植物保护名录》等，使我国的植物保护工作如火如荼。

从《中国植物红皮书》可以看出以下特点：①根据受威胁的程度将稀有濒危植物分为濒危、渐危和稀有3类，但对它们采取针对性保护措施的比例基本相同，未能体现出这3类应有的优先保护等级。这说明稀有濒危植物的保护中，实际行动与理论上的要求尚存在较大差距。②森林成为稀有濒危植物的主要保存环境，生境丧失是威胁植物生存的主要外因，受它影响的珍濒植物种类占70%。③评价植物受胁的标准虽带有强烈的学术色彩，但入选的种类同时具有较高的实用价值。④乔木在珍稀濒危植物中比例很大，对森林的大量采伐利用是导致乔木受胁程度高的主要原因。因此，保护森林成为保护珍稀濒危植物的主要途径。

中国是世界上苔藓植物多样性最丰富的国家之一，已报道藓类植物67科，421属，2500余种，苔类和角苔类58科，15属，960种。在多样性方面呈现出苔藓种类丰富、区系成分复杂、生态类型多样、特有属种较多等特点。因此，保护中国苔藓植物多样性，有重要科学和实际意义。限于当时的条件，《中国植物红皮书》（第一册）没有收录苔藓植物。2004年12月在中国苔藓植物多样性保护国际会议上，讨论并产生了《首批中国濒危苔藓植物红色名录》（中国濒危苔藓植物名录，2004）。该名录参照IUCN物种红色名录的标准，确立了与《中国植物红皮书》不同的中国濒危苔藓植物等级划分的标准和原则，分为极危、濒危和易危3类。①极危：物种罕见，通常在中国的分布少于3个省；种群特别少，且其生境受到极端威胁。②濒危：物种分布在很少的产地，种群少，生境受到威胁。③易危：物种分布在一定数量的产地，种群相对较大，在中国比较常见，其生境受未到或轻微地受到威胁。遵循这个标准，有82种苔藓列入了《首批中国濒危苔藓植物红色名录》，包括藓类29科47属50种，苔类12科26属31种，角苔类1科1属1种。其中42种为我国特产，占51.2%。这些苔藓属于极危的有36种，濒危的29种，易危的17种。《首批中国濒危苔藓植物红色名录》的诞生是有效保护中国苔藓植物迈出的关键一步。

《中国植物红皮书》和《首批中国濒危苔藓植物红色名录》的先后诞生，并不能掩盖我国植物红色名录面临的挑战。①中国这2个名录的濒危等级和标准彼此间不统一，与IUCN的标准也存在大的差距，需要尽快建立完善的中国植物红色等级标准，达到既好操作又便于国际同行比较的要求。②为了完善和充实中国植物红色名录，需要收集和检查更高的信息和数据，特别是需要进一步加点野外调查的力度。③有效保护濒危植物，需要唤醒公众的关注，调动地方、国家和国际组织的积极性并采取切实的行动和措施。④对特定的濒危植物类群，要立即进行多点多途径的迁地保护，确保它们的生存。

五、中国物种红色名录

中国物种红色名录对中国范围内（包括台湾、香港和澳门）的物种绝灭危险程度进行了评估，所涉及的物种分布范围和种群数量，针对的是中国范围内的种群状况。使用了2001年3.1版《IUCN濒危物种红色名录濒危等级标准》，并参考了2003年出版的《IUCN物种红色名录标准在地区水平的应用指南》。

中国物种红色名录共评估了动物界和植物界10 211种，包括7个动物门下的20纲、108目、43科、2033属，共5803个动物物种；2个植物门，包括裸子植物门和被子植物门下的169科、1025属，共4408个植物物种（表5-7）。

表5-7　中国物种红色名录项目评估的植物物种门类

1. 裸子植物门GYMNOSPERMAE（进行了全面评估）		
苏铁科Cycadaceae	银杏科Ginkgoaceae	松科Pinaceae
杉科Taxodiaceae	柏科Cupressaceae	罗汉松科Podocarpaceae
三尖杉科Cephalotaxaceae	红豆杉科Taxaceae	麻黄科Ephedraceae
买麻藤科Gnetaceae		
2. 被子植物门ANGIOSPERMAE（以下列出的每个科都进行了全面评估）		
三白草科Saururaceae	胡椒科Piperaceae	金粟兰科Chloranthaceae
杨柳科Salicaceae	胡桃科Juglandaceae	桦木科Betulaceae
壳斗科Fagaceae	榆科Ulmaceae	马尾树科Rhoipteleaceae
桑科Moraceae	荨麻科Urticaceae	山龙眼科Proteaceae

2. 被子植物门ANGIOSPERMAE（以下列出的每个科都进行了全面评估）

铁青树科Olacaceae	山柚子科Opiliaceae	檀香科Santalaceae
桑寄生科Loranthaceae	马兜铃科Aristolochiaceae	大花草科Rafflesiaceae
蓼科Polygonaceae	石竹科Caryophyllaceae	昆栏树科Trochodendraceae
毛茛科Ranunculaceae	芍药科Paeoniaceae	斜翼科Plagiopteraceae
木通科Lardizabalaceae	小檗科Berberidaceae	杜仲科Eucommiaceae
蔷薇科Rosaceae	牛栓藤科Connaraceae	豆科Leguminosae
亚麻科Linaceae	古柯科Erythoxylaceae	蒺藜科Zygophyllaceae
芸香科Rutaceae	苦木科Simaroubaceae	橄榄科Burseraceae
楝科Meliaceae	金虎尾科Malpighiaceae	远志科Polygalaceae
大戟科Euphorbiaceae	虎皮楠科Daphniphyllaceae	黄杨科Buxaceae
岩高兰科Empetraceae	漆树科Anacardiaceae	冬青科Aquifoliaceae
卫矛科Celastraceae	翅子藤科Hippocrateaceae	省沽油科Staphyleaceae
茶茱萸科Icaciaceae	槭树科Aceraceae	七叶树科Hippocastanaceae
无患子科Sapindaceae	柽柳科Tamaricaceae	堇菜科Violaceae
大风子科Flacourtiaceae	旌节花科Stachyuraceae	西番莲科Passifloraceae
四数木科Tetramela	秋海棠科Begoniaceae	瑞香科Thymelaeaceae
胡颓子科Elaeagnaceae	丁屈菜科Lythraceae	海桑科Sonneratiaceae
玉蕊科Lecythidacae	红树科Rhizophoraceae	蓝果树科Nyssaceae
八角枫科Alangiaceae	使君子科Combertaceae	桃金娘科Myrtaceae
野牡丹科Melastonmataceae	柳叶菜科Onagraceae	五加科Araliaceae
伞形科Umbelliferae	山茱萸科Cornaceae	岩梅科Diapensiaceae
桤叶树科Clethraceae	鹿蹄草科Pyrolaceae	杜鹃花科Ericaceae
马鞭草科Verbenaceae	唇形科Labiatae	全叶香科科Teucrium
茄科Solanaceae	玄参科Scrophulariaceae	紫葳科Bignoniaceae
列当科Orobanchaceae	苦苣苔科Gesneriaceae	爵床科Acanthaceae
茜草科Rubiaceae	忍冬科Caprifoliaceae	五福花科Adoxaceae
川续断科Dipsacaceae	葫芦科Cucurbitaceae	桔梗科Campanulaceae
菊科Compositae	黑三棱科Sparganiaceae	泽泻科Alismataceae
水鳖科Hydrocharitaceae	霉草科Triuridaceae	禾本科Gramineae
莎草科Cyperaceae	棕榈科Palmae	天南星科Araceae
黄眼草科Xyridaceae	百部科Stemonaceae	防己科Menispermaceae
木兰科Magnoliaceae	蜡梅科Calycanthaceae	番荔枝科Annonaceae

2. 被子植物门ANGIOSPERMAE（以下列出的每个科都进行了全面评估）

肉豆蔻科Myristicaceae	樟科Lauraceae	罂粟科Papaveraceae
山柑科Capparidaceae	十字花科Cruciferae	伯乐树科Bretschneideraceae
景天科Crassulaceae	虎耳草科Saxifragaceae	海桐花科Pittosporaceae
金缕梅科Hamamelidaceae	清风藤科Sabioideae	凤仙花科Balsaminaceae
鼠李科Rhamnaceae	葡萄科Vitaceae	杜英科Elaeocarpaceae
椴树科Tiliaceae	锦葵科Malvaceae	梧桐科Sterculiaceae
猕猴桃科Actinidiaceae	金莲木科Ochnaceae	山茶科Theaceae
藤黄科Guttiferae	龙脑香科Dipterocarpaceae	瓣磷花科Frankeniaceae
紫金牛科Myrsinaceae	报春花科Primulaceae	白花丹科Plumbaginaceae
山榄科Sapotaceae	柿树科Ebenaceae	山矾科Symplocaceae
安息香科Styracaceae	木犀科Oleaceae	马钱科Loganiaceae
龙胆科Gentianaceae	夹竹桃科Apocynaceae	萝摩科Asclepiadaceae
旋花科Convolvulaceae	紫草科Boraginaceae	百合科Liliaceae
石蒜科Amaryllidaceae	芭苞草科Acanthochlamydaceae	蒟蒻薯科Taccaceae
薯蓣科Dioscoreaceae	鸢尾科Iridaceae	芭蕉科Musaceae
姜科Zingiberaceae	闭鞘姜科Costaceae	竹芋科Marantaceae
白玉簪科Corsiaceae	水玉簪科Burmanniaceae	兰科Orchidaceae

表 5-8　中国物种红色名录中种子植物受威胁现状

等　级	物种数		占总评估种数的百分比（%）	
	裸子植物	被子植物	裸子植物	被子植物
绝灭（EX）	0	2	0.00	0.05
野外绝灭（EW）	0	2	0.00	0.05
地区绝灭（RE）	0	0	0.00	0.00
极危（CR）	33	651	14.60	15.56
濒危（EN）	41	1080	18.14	25.82
易危（VU）	84	1893	37.17	45.25
近危（NT）	48	302	21.23	7.22
无危（LC）	18	200	7.96	4.78
数据缺乏（DD）	2	52	0.88	1.24
不宜评估（NA）	0	0	0.00	0.00
合计	226	4183		

此次评估发现：裸子植物受威胁（极危、濒危和易危）的比例69.91%，接近受威胁（近危）的比例为21.23%；被子植物受威胁和近危的比例分别为86.63%和7.22%（表5-8）。特别是植物的濒危物种比例远远超出了过去的估计。

六、国家重点保护野生植物名录

1999年8月4日，国务院正式批准公布了《国家重点保护野生植物名录》（第一批）。这是我国野生植物保护管理工作的一个里程碑，它标志着这项工作从此纳入了法制化轨道。

《国家重点保护野生植物名录》是《中华人民共和国野生植物保护条例》的配套文件，具有同等的法律效力。《国家重点保护野生植物名录》列入植物419种、13类（指种以上科或属等分类单位）。其中，一级保护的67种、4类，二级保护的352种、9类，包括蓝藻1种，真菌3种，蕨类植物14种、4类，裸子植物40种、4类，被子植物361种、5类。另外，杪椤科、蚌壳蕨科、水韭属、水蕨属、苏铁属、黄杉属、红豆杉属、榧属、隐棒花属、兰科、黄连属、牡丹组等13类的所有种（约1300种），全部列入名录。

图5-5　苏铁（蒋志刚摄）

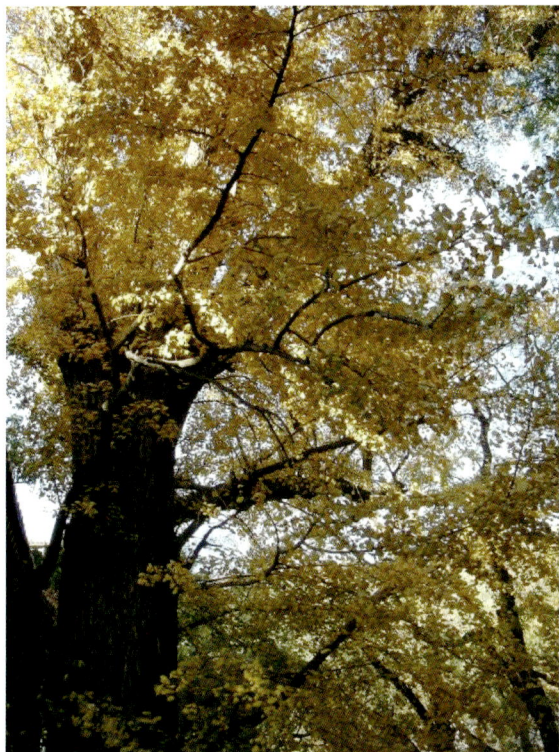

图 5-6
银杏（蒋志刚摄）

　　《国家重点保护野生植物名录》（第一批）中一级保护植物有：光叶蕨、玉龙蕨、水韭属的所有种、巨柏、苏铁属（所有种）（图5-5）、银杏（图5-6）、百山祖冷杉、梵净山冷杉、元宝山冷杉、资源冷杉（大院冷杉）、银杉、巧家五针松、长白松、台湾穗花杉、云南穗花杉、红豆杉属的所有种、水松、水杉、长喙毛茛泽泻、普陀鹅耳枥、天目铁木、伯乐树（钟萼木）、膝柄木、萼翅藤、革苞菊、东京龙脑香、狭叶坡垒、坡垒、多毛坡垒、望天树、貉藻、瑶山苣苔、单座苣苔、报春苣苔、辐花苣苔、华山新麦草、银缕梅、长蕊木兰、单性木兰、落叶木莲、华盖木、峨眉拟单性木兰、藤枣、莼菜、珙桐、光叶珙桐、云南蓝果树、合柱金莲木、独叶草、异形玉叶金花、掌叶木、扇脉杓兰（图5-7）、桫椤等。国家二级保护植物有独花兰（图5-8）、秦岭冷杉、连香树等。

　　需要说明的是，《中国植物红皮书》只是根据国际通用标准编写

图 5-7
扇脉杓兰 （谢宗强摄）

图 5-8
独花兰 （谢宗强摄）

的一本保护我国植物物种的专著。该书主要考虑的是植物物种的濒
危程度。而《国家重点保护野生植物名录》是由中国政府颁布的植
物保护名录。中国野生植物保护等级应以《国家重点保护野生植物
名录》为据。

　　对不同的受威胁物种，哪些生境最重要？受胁因子分析发现，
生境丧失和退化影响到89%的受胁鸟类，83%的种哺乳动物，91%
的受胁植物。引起生境丧失的主因是农业活动、采收活动和开发。
农业活动影响到49%的受胁植物，采收活动对植物的作用最大，影
响到60%的受胁植物，开发活动影响到34%的受胁植物。在美国，
生境丧失和退化的影响最大，影响到80%以上的受胁物种。人类
活动与入侵物种、生境丧失和过度利用一道成为1500年以来物种灭
绝的主要原因。生境丧失和入侵物种是过去20年中物种灭绝的主要
因子，而过度利用在同一时期中对于那些非海洋物种的灭绝没有起

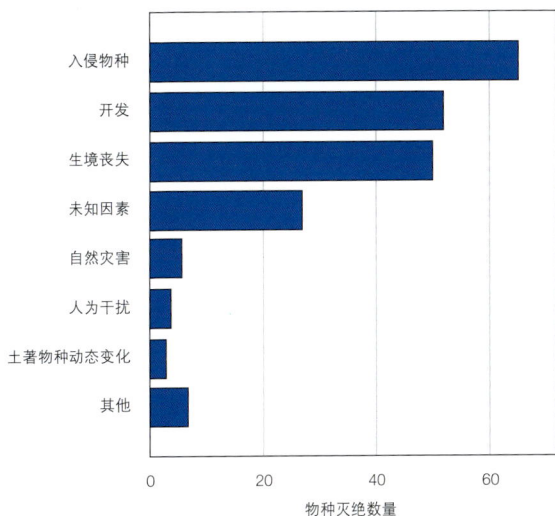

图 5-9　物种灭绝的原因（Baillie 等，2004）

什么作用，然而，疾病正在上升成为一个威胁物种生存的因子（图5-9）。

历史上从未有这么多的物种在这么短的时间内面临生存危机。如果这一趋势继续下去，那么，今天我们所面临的绝灭规模将不亚于历史上任何一次物种大绝灭。如果我们现在不立即行动采取扭转目前地球上物种绝灭趋势的话，那么不久以后，不但千千万万目前尚不知名的物种会绝灭，而且，许多人们喜爱的物种如大熊猫、长颈鹿、白暨豚、犀鸟都会绝灭。

第六章　物种濒危标准

　　许多物种面临着灭绝的威胁（Wilson, 1988, Novacek, 2001），然而，目前我们所拥有的资源十分有限，在实施濒危物种保护时，必须有的放矢，针对物种的濒危等级提出具体的保护措施，确定物种保护投入的资源量。此外，我们应根据物种濒危程度制定相应的法律，以应用建立自然保护区、濒危物种繁育中心等保护生物学手段，对濒危物种实施就地保护和迁地保护。同时，根据贸易对物种生存影响程度，限制那些濒危野生动植物的国际贸易。这一切都需要我们建立一整套科学地评价生物物种灭绝风险，建立划分物种的濒危等级的方法。

　　濒危物种保护是保护生物学的一个中心问题。怎样建立物种濒危等级的指标体系是保护生物学家们面临的一项艰巨任务。其实，在理论上制定一套物种濒危标准并不困难，划分物种的濒危等级时，我们面临的最大困难是我们对物种的分布区、数量和种群动态信息缺乏了解。保护生物学是一门处理危机的决策科学。Soulé (1985)将保护生物学称之为"危机学科"，处理危机的学科往往要求根据不完全的信息进行决策，而等待搜集到足够的信息再行决策时将会错过决策机会。生物多样性公约规定："生物多样性遭受严重减少或损失的威胁时，不应以缺乏充分的科学定论为理由，而推迟采取旨在避免和减少此种威胁的措施"（IUCN Environmental Law Center, 1994）。在制定濒危物种等级时，人们通常利用直觉和创造力加上现有的信息，比较相似的事例，参照理论模式，进行评定。

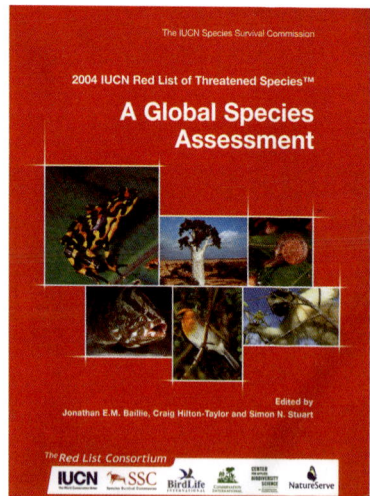

图6-1　依据2004年版 IUCN红色名录编写的《全球物种评估》

从20世纪60年代开始，人们即在努力地研究制定物种濒危等级标准（蒋志刚，2000）。其中比较成熟的，在国内外濒危物种的濒危等级划分上应用较为广泛的是IUCN物种濒危等级和CITES附录等级（图6-1）。

一、IUCN物种濒危等级

IUCN全称是International Union for Conservation of Nature and Natural Resource（国际自然及自然资源保护联盟），1948年10月建立，是目前世界上最大的自然保护团体。1998年，在加拿大蒙特利尔进行世界自然保护联盟大会上，IUCN更名为IUCN – World Conservation Union（世界自然保护联盟）。目前980个政府和非政府团体签署了IUCN宪章，成为世界自然保护联盟的成员。中国是世界自然保护联盟的成员国。

IUCN自20世纪60年代开始根据所收集到的信息，并依据IUCN物种存活委员会的报告，编制全球范围的濒危物种红皮书（Red Data Book）。濒危物种红皮书根据物种受威胁程度和估计灭绝风险将物种列为不同的濒危等级。IUCN发布濒危物种红皮书有3个目的：①唤起世界对野生物种生存现状的关注；②提供有关濒危物种信息，供各国政府和立法机构参考；③为全球科学家提供有关物种濒危现状和生物多样性基础数据（IUCN，1996）。

最初IUCN濒危物种红皮书仅包括陆生脊椎动物，后来，红皮书开始收录无脊椎动物和植物，内容逐年增加，逐步发展为IUCN濒危物种红色名录（IUCN Endangered Species Red List）。一些国家也开始编制国家濒危物种红皮书。我国在1996年出版了中国濒危植物红皮书，1998年出版了中国濒危鱼类红皮书、中国濒危两栖爬行类动物红皮书、中国濒危鸟类红皮书和中国濒危兽类红皮书。

IUCN年早期使用的濒危物种等级系统包括灭绝（Extinct）、濒危（Endangered）、易危（Vulnerable）、稀有（Rare）、未定（Indeterminate）和欠了解（Insufficiently Known）（IUCN，1984；IUCN，1988）。上述标准存在很大的主观性。在20世纪60年代和70年代，编写濒危动物红皮书的工作是由一位作者来完成的，物种的濒危标准尚容易掌握。但是从20世纪80年代以来，制定濒危物种红色名录的工作由多位作者来完成，因此，迫切需要一套客观的濒危物种评价准。

1984年IUCN物种生存委员会召开了题为"灭绝之路"的研讨会，分析了当时的濒危物种评价标准的不足之处，探讨了濒危物种评价标准的修订问题，但在研讨会上人们未能就如何修改当时的濒危物种标准达成一致意见（Fitter和Fitter，1987）。1991年，Mace和Lande第一次提出了根据在一定时间内物种的灭绝概率来确定物种濒危等级的思想，这一思想被称为Mace－Lande物种濒危等级标准(Mace和Lande，1991；Mace等，1992；Mace和Stuart，1994)。随后，人们在一些生物类群中尝试应用了Mace－Lande物种濒危等级标准划分濒危等级。1994年11月IUCN第40次理事会会议正式通过了经过修订的Mace－Lande物种濒危等级标准作为新的IUCN濒危物种等级标准系统（IUCN，1994），从此，Mace－Lande物种濒危等级标准成为IUCN濒危物种红色名录濒危物种等级标准。1996年，200年、2002年、2004年、2006年IUCN濒危物种红色名录均应用了修改后的Mace－Lande物种濒危等级标准作为物种濒危等级划分标准（IUCN，1993，1996，2000，2002）。

制定物种的濒危等级时，人们常常关注的不是物种，而是一个目，如灵长目，所有的灵长类，如一个科，所有兰科植物，也有可能是一个亚种，如东北虎亚种、华南虎亚种，甚至可能是一个种群，如非洲象的纳米比亚种群。所以，实践中用分类单元一词来统称不同的分类阶元。

Mace－Lande物种濒危等级定义了8个等级：①灭绝（Extinct，EX）：如果一个生物分类单元的最后一个个体已经死亡，列为灭绝。②野生灭绝（Extinct in the Wild，EW）：如果一个生物分类单元的个体仅生活在人工栽培和人工圈养状态下，列为野生灭绝。③极危（Critically Endangered，CR）：野外状态下一个生物分类单元灭绝概率很高时，列为极危。④濒危（Endangered，EN）：一个生物分类单元，虽未达到极危，但在可预见的不久将来，其野生状态下灭绝的概率高，列为濒危。⑤易危（Vulnerable，VU）：一个生物分类单元虽未达到极危或濒危的标准，但在未来一段时间中其在野生状态下灭绝的概率较高，列为易危。⑥低危（Lower Risk，

LR）：一个生物分类单元，经评估不符合列为极危、濒危或易危任一等级的标准，列为低危。⑦数据不足（Data Deficient, DD）：对于一个生物分类单元，若无足够的资料对其灭绝风险进行直接或间接的评估时，可列为数据不足。⑧未评估（Not Evaluated，NE）：未应用有关IUCN濒危物种标准评估过的分类单元列为未评估。

国内学者对Mace－Lande物种濒危等级标准进行了推介（解焱和汪松，1995；袁德成，1997）。中国植物红皮书参考IUCN红皮书等级制定，采用"濒危"、"稀有"和"渐危"三个等级：①濒危：物种在其分布的全部或显著范围内有随时灭绝的危险。这类植物通常生长稀疏，个体数和种群数低，且分布高度狭域。由于栖息地丧失或破坏、或过度开采等原因，其生存濒危；②稀有：物种虽无灭绝的直接危险，但其分布范围很窄或很分散或属于不常见的单种属或寡种属；③渐危：物种的生存受到人类活动和自然原因的威胁，这类物种由于毁林、栖息地退化及过度开采的原因在不久的将来有可能被归入"濒危"等级(Fu，1992)。中国动物红皮书的物种等级划分参照了1996年版IUCN濒危物种红色名录，根据中国的国情，使用了野生灭绝(Ex)、绝迹(Et)、濒危(E)、易危(V)、稀有(R)和未定(I)6个等级 (汪松，1998，汪松等，1998)。中国动物红皮书的物种等级划分使用了①野生绝迹(Ex)；②国内绝迹(Et)；③濒危(E)：指野生种群已经降低到濒临灭绝活绝迹的临界程度，且致危因素仍在继续；④易危（V）：指野生种群已经明显下降，如不采取有效保护措施，势必称为"濒危"，或因近似某"濒危"物种，必须予以保护以确保该"濒危"物种的生存；⑤稀有（R）：指分类定名以来，迄今总共只有为数有限的发现记录，其数量稀少的原因主要不是人为的因素；⑥未定（I）：指情况不甚明了，但有迹象表明可能已经属于和疑为"濒危"或"易危"者。

人们一直期望建立一个客观的评价物种濒危等级的标准(Baillie和 Groombridge，1996)。Mace－Lande物种濒危等级标准是目前应用较为广泛,影响较为深远的的物种濒危标准。这个标准提出以后，经过反复的讨论修改。IUCN濒危物种红皮书与IUCN濒危物种红色名录虽然不是国际法和国家法律，但是对于政府间组织，非政府组织的保护决策以及各国的自然法律法规制定有着极其深远的影响，

Mace－Lande物种濒危等级标准产生了世界范围的影响（Oldfield,等，1998; IUCN/SSC Criteria Review Working Group, 1999；Gärdenfors, 等，2001），如RAMUSA公约的濒危物种标准，即采用了Mace－Lande物种濒危等级标准。同时，Mace－Lande物种濒危等级作为评价物种濒危程度的理论体系，对保护生物学理论研究也产生了深远的影响（蒋志刚等，1997）。

二、CITES附录标准

《濒危野生动植物种国际贸易公约》(Conventionon International Trade of Endangered Species of Wild Fauna and Flora, CITES)，是根据1972年联合国人类环境会议决议，于1973年在美国华盛顿开始签署，故《濒危野生动植物种国际贸易公约》亦称《华盛顿公约》。《濒危野生动植物种国际贸易公约》于1975年7月1日正式生效，是当今世界上唯一对全球野生动植物贸易实施控制的国际公约。目前有171个主权国家加入。《濒危野生动植物种国际贸易公约》的宗旨是可持续利用也是导致野生动植物资源，对其附录中所列濒危物种的商业性国际贸易进行严格控制和监督，防止因过度的国际贸易和开发利用而危及这些物种的生存。《濒危野生动植物种国际贸易公约》要求每一个缔约国设立科学机构和管理机构，通过发放许可证和证明书等一系列制度来保证濒危野生动植物种国际贸易公约的有效执行。《濒危野生动植物种国际贸易公约》将那些由于国际贸易而有灭绝风险的物种列入其3个附录。

1. CITES附录一标准

根据《濒危野生动植物种国际贸易公约》，"附录一应包括所有受到和可能受到贸易影响而有灭绝危险的物种"。当一个物种满足下列标准的一项时，被认为有灭绝的危险：

（1）野生种群小，并种群具有下列特征之一：①依据观察、推测或估计种群数量或栖息地面积和质量下降；②仅存在一个单个种群；③在一个或多个生活史阶段，大多数个体集中在某一亚种群内；④种群数量出现大幅度波动；⑤物种的生物学特征或行为学特征可能导致物种容易灭绝。

(2) 野生种群分布面积狭域，如：①物种的栖息地破碎或物种的个体仅在极少数地点发现；②物种分布面积大幅度缩小或亚种群数大幅度波动；③由种群生物学或行为（包括迁徙）导致物种高度易危；④依据观察、推测或估计，种群分布面积、亚种群数目、个体数、栖息地面积或质量以及个体的生殖能力呈下降趋势。

(3) 野外种群数量下降，如物种的栖息地面积或质量下降，由于人们的商业开发、病原体、竞争者、寄生物、捕食者、杂交和外来引入种的作用以及毒素和环境污染物影响，个体生殖能力下降。

(4) 5年内该物种种群现状很可能出现以上所列标准中的一项或多项。

2. CITES附录二标准

根据《濒危野生动植物种国际贸易公约》，"附录二应包括所有那些目前虽未濒临灭绝，但如对其贸易不严加管理，以防止不利其生存的利用，就可能变成有灭绝危险的物种"。列入附录二的物种不一定是目前濒临灭绝的物种，只要有迹象表明某一物种可能灭绝，则应将其列入CITES附录二。例如：

(1) 除非一个物种的贸易受到严厉控制，否则该物种的生存将会受到威胁。

(2) 人们已知、推测或估计得出，对一个物种的商业利用已经长时间超出可永久维持的水平，或者，种群数量已经减少到可能威胁其生存的水平。

根据《濒危野生动植物种国际贸易公约》，CITES附录二还应包括为了有效管制CITES附录一物种的贸易国际，而必须加以管理的其他物种。当一个物种满足下列标准之一时应列入附录二：

(1) 一个物种标本与列入CITES附录二或附录一的某一物种的标本非常相似，即使专家也难以区分。

(2) 一个物种所隶属的分类单元中的大多数种类被列入公约附录二或附录一之中，该物种也必须列入附录二，以有效地控制其他种类的标本贸易。

3. CITES附录三标准

根据《濒危野生动植物种国际贸易公约》，"附录三应包括任一成员国认为属其管辖范围内，应进行管理以防止或限制开发利用，而需要其他成员国合作控制贸易的物种"。

一个国家对其生物资源拥有主权。世界上大多数国家已经立法保护野生生物资源。各国对濒危物种保护等级的划分标准不一致。有时，等级划分标准不是公开的（New, 1991）。

三、美国濒危物种法案濒危物种等级

1973年美国总统里根签署了美国《濒危物种法案》。根据该法案，如果①一个物种的栖息地正在受到破坏；②一个物种受到过度的开发；③由于捕食和疾病，物种的数量下降；④现有的法律法规不足以保护这种物种；⑤存在其他危及物种生存的自然或人为因素，美国内务部部长可以根据美国鱼类和野生动物管理局的建议将一个物种列为濒危物种。美国《濒危物种法案》的物种濒危等级分为"濒危"和"受胁"两大类。如果一个物种在它的分布区面临灭绝的威胁，则列为濒危物种，如果一个物种在可以预见的将来将面临灭绝，则列为受胁物种。一个物种一旦被列为濒危或受胁，美国《濒危物种法案》要求为该物种制定一个恢复计划，执行这个恢复计划，直到该物种恢复到成功地脱离濒危或受胁状态为止。从1973年开始，美国每年大约有40个物种被列为濒危或受胁物种，仅18个物种从濒危降为受胁，或完全从濒危物种名录剔除(Dobson, 1998)。

四、国家重点保护野生动物等级标准

1988颁布的《国家重点保护野生动物名录》使用了两个保护等级。中国特产稀有或濒于灭绝的野生动物列为一级保护，将数量较少或有濒于灭绝危险的野生动物列为二级保护动物。

五、国家重点保护植物保护等级标准

《中国珍稀濒危保护植物名录》和《国家重点保护的野生植物名录》根据植物的保护价值，提出了保护植物的概念。保护植物被分为3个不同的等级：列入一级重点保护的植物，指具有极为重要的科研、经济和文化价值的稀有或濒危的种类；二级重点保护的植物，是指有重要科研或经济价值的稀有或濒危的种类；三级重点保护的植物，是指有一定科研或经济价值的渐危或稀有种类。这种等级在上述2个名录中存在差异。《中国珍稀濒危保护植物名录》收录了388种植物，采用了3个等级：一级保护的有银杉、水杉、秃杉、杪椤、珙桐、人参、望天树和金花茶等8种，二级159种，三级221种。《国家重点保护的野生植物名录》收录植物419种，13类，保护级别分为2级，其中Ⅰ级保护植物67种和4类，Ⅱ级保护植物352种和9类。按照国家林业局和农业部的协商结果，《国家重点保护的野生植物名录》拟分批公布。对目前林业、农业部门分管部门意见一致的物种已上报国务院，在1999年9月9日第4号令公布了国务院于1999年8月4日批准的《国家重点保护野生植物名录》（第一批），共294种，其中Ⅰ级64种，Ⅱ级230种。

　　植物的优先保护次序的划分以植物受威胁的情况为基础，同时兼顾人类对于物种保护的目标（崔光红和黄璐琦，2004）。我国重点保护的植物物种划分为3个保护级别。在定性评价的基础上，国内外已有不少学者尝试用数量评价分级的方法对受危胁植物的濒危和保护等级进行划分(许再富和陶国达，1987；薛达元等,1991；蒋明康等，1994；魏宏图和金念慈，1994)。如以"濒危系数"确定植物的受威胁程度，以"急切保护值"确定植物须急切保护的序列，以二级模糊综合评价法评价濒危度与保护等级等。由于国家、地区情况不同，物种保护目的不完全相同，因此，"急切保护值"的评价指标也不一致。目前物种保护等级的评价方法正处于探索阶段(代正福和周正邦，2000；蒋志刚，2000；崔国发等，2000；陶玲和任军，2001)。

　　要想对我国植物濒危等级进行确切的划分，须进行深入仔细的调查，其中包括分布区、种群的数量、种群结构的动态变化等等。只有在取得这些物种第一手资料的基础上，然后，依据IUCN的物种受威胁等级分类标准进行划分。植物的濒危程度是一个动态的变化过程，当其等级确定以后也并非一成不变，应该根据监测结果，每隔一定时间重新评定植物的濒危程度，以保证其等级与实际情况一致。

六、中国濒危物种红皮书濒危物种等级

中国动物红皮书的物种等级划分参照1996年版IUCN濒危物种红色名录，根据中国的国情，使用了野生灭绝(Ex)、绝迹(Et)、濒危(E)、易危(V)、稀有(R)和未定(I)等等级(汪松，1998；汪松等，1998)。

在《中国珍稀濒危重点保护植物名录》和《中国植物红皮书》（第一册）的编写过程中，专家们参照IUCN对植物受威胁程度的早期的分类定义，结合中国的实际情况制定了中国珍稀濒危植物的受威胁分类定义和保护分级的定性标准，采用"濒危"、"渐危"、"稀有"3个等级。《中国植物红皮书》（第一册）（傅立国，1991）收录了388种植物，其中属于濒危的121种，渐危的157种，稀有的110种。收蕨类13种，裸子植物63种，被子植物312种。濒危种是指那些在它们整个分布区或分布区的重要部分处于有绝灭危险中的分类单位。这些植物通常稀少，地理分布有很人的局限性，仅仅存在于典型地方和常常出现在有限的、脆弱的生境中。它们走向绝灭的危险，可能是由于生殖能力很弱，其数量减少到快要绝灭的临界水平；或是它们所要求的特殊生境被破坏、被剧烈地改变或已经退化到不能适宜它们的生长；或者由于过度开发、病虫害或其他还不清楚的原因所致。如果致危因素继续存在，就会导致灭绝。如荷叶铁线蕨、巴东木莲（*Manglietia patungensis*）和小勾儿茶（*Berchemiella wilsonii*）等。

渐危（即脆弱或受威胁）种指因人为的或自然的原因所致，在可以预见的将来，在它们整个分布区或分布区的重要部分很可能成为濒危的种类。如桫椤、龙眼(*Dimocarpus longan*)、荔枝（*Litchi chinensis*）等。

稀有(罕见)种指那些并不是立即有绝灭危险、中国特有的单型科、单型属或少种属的代表种类，但在它们分布区内只有很少的群体，或是由于存在于非常有限的地区内，可能很快地消失；或者虽有较大的分布范围，但只有零星个体存在的种类。如银杏(*Ginkgo biloba*)、水杉(*Metasequoia glyptostroboides*)、金钱松（*Pseudolarix kaempferi*）等。

以松杉类植物为例，全世界约有600种，我国约有200种，分布遍及全国。根据该分级标准，全世界列入受威胁的松杉类植物有416种及变种，中国有126种及变种；在属濒危等级的42种植物中，我国分布的有20种，接近一半。此外，我国尚有大量的渐危种类和稀有种类（贺新强等，1996）。

七、物种濒危等级的科学标准

物种濒危等级是一个科学问题。由于物种是一个有争议的概念（黄大卫，1997），且各个生物类群生物学特征有差异，人们对物种的分布现状和数量，乃至物种生物学的知识欠缺，导致了确定物种濒危等级的困难。但是，目前一个最突出的问题是，能否用一个物种濒危等级来划分不同的生物类群？物种濒危等级如何与保护优先序挂钩？

人们一直期望建立一个客观的评价物种濒危等级的标准。Mace-Lande物种濒危标准是目前应用较为广泛、影响较为深远的的物种濒危标准。这个标准提出以后，经过了反复的讨论修改。但是，Mace-Lande物种濒危标准在实际应用中遇到了一些问题。其中最主要的问题是不同的动物类群能否应用同一濒危标准尺度的问题。

生物类群的种群、生境和生活史特征差异很大，物种的种群数量不能作为在所有生物类群通用的濒危标准尺度。例如，水獭（*Lutra lutra*）一胎产2～3仔，小爪水獭（*Amblonyx cinerea*）一胎产1～6仔，平均2仔。而中华鲟（*Acipenser sinensis*）一次能产67万颗卵。按照Mace-Lande物种濒危标准，如果一个物种的个体数目少于200时，物种的濒危等级为极危。这一条标准对哺乳动物来说成立，但是对于鱼类来说，200尾鱼显然数量太少，有些鱼类的数量少于几万条时即为濒危。对不同生物类群物种的栖息地面积大小不同，很难用同一栖息地面积标准来测度物种是否濒危。Mace-Lande物种濒危标准中的种群数量波动幅度标准对于K对策物种成立，但是对于r对策物种，种群的大幅度波动是种群的特征，不能作为物种濒危地标准（图6-2）。

图 6-2　人工繁殖的鲟鱼（蒋志刚摄）

第七章　物种国际贸易管制

CITES 公约管制了野生动植物的国际贸易。为什么我们要控制濒危野生动植物的国际贸易呢？一是野生动植物国际贸易量大。20世纪70年代初全球每年出口750万只活鸟，20世纪80年代每年更达200万～500万只活鸟。台湾每年出口150万～50 000万只蝴蝶，价值200万～3000万美元。20世纪50～60年代，全球每年消耗5万～1000万张鳄鱼皮。野生动植物的国际贸易量之大，导致一些野生动植物资源的枯竭。二是生动植物单位价值高，野生动植物及其制成品成为财富的象征，高额利润导致过度开发和有组织走私。三是过度开发导致许多野生动植物濒临经济灭绝，危及了许多野生动植物的生存，从而导致了生物多样性危机。于是，濒危野生动物及其产品成为国际贸易管制的对象。

一、CITES公约

到目前为止，CITES公约已先后召开了14次缔约国大会，通过了500余项决议，已有5000多种动物和25 000多种植物被列入CITES公约附录，使得全世界范围内60%～65%的野生动植物贸易得到了有效控制，成为控制野生动植物及其产品的国际贸易的一个最为有效的措施，并具有国际社会公认的权威性和广泛影响（图7-1）。

《濒危野生动植物种国际贸易公约》的基本原则是可持续利用野生动植物资源。《濒危野生动植物种国际贸易公约》通过每一个缔约国设立的科学机构和管理机构，发放许可证和证明书等一系列制度来保证公约的有效执行。《濒危野生动植物种国际贸易公约》中的国际贸易包括濒危物种标本的进口、出口、再引入和从海上引入。所谓濒危物种标本是濒危野生动植物种国际贸易公约使用的一条广义的术语，它包括活的或死的动植物个体、可辨认的部分或其衍生物。《濒危野生动植物种国际贸易公约》中的贸易除了跨越国界的贸易之外，还包括从公海的引入，如座头鲸、金枪鱼的捕捞属于CITES公约定义的"海上引入"。

为了履行CITES公约，各国CITES公约科学机构必须及时地掌

图 7-1 海关查获的野生动物走私品（蒋志刚摄）

握各国野生动植物资源的现状，监测野生动植物的国际贸易，在保证野生动植物资源的可持续利用的前提下，管制那些由于大规模开发和国际贸易而导致"经济灭绝"的物种。因此，CITES公约集中各缔约国的行政和科学力量，促进了野生动植物资源的保护、生物多样性的保护以及生物资源的可持续利用。所有受到和可能受到贸易的影响而有灭绝危险的物种列入公约附录一，严格管制这些物种的贸易，以防止贸易进一步危害这些物种的生存。

各缔约国建立管理机构与科学机构，对公约附录物种实行进出口许可证管理。

任何一种附录一物种标本的出口，必须由出口国的科学机构认定，该项出口不致危害该物种的生存；出口国的管理机构颁发该标本的出口许可证，进口国的管理机构颁发该标本的进口许可证。

附录三所列物种标本的贸易，管理机构发给出口许可证；附录物种出口时，在海关交验出口许可证。

在本国管理机构注册的科学家之间或科学机构之间进行非商业性的出借、馈赠或交换的科学标本，附有管理机构出具标签时，可以进出口，动物展览、植物展览在没有许可证或证明书的情况下可以跨国运输。

到目前为止，《濒危野生动植物种国际贸易公约》成为了控制野生动植物及其产品的国际贸易、保护生物多样性的一个最为有效的措施，并具有国际社会公认的权威性和广泛影响。《濒危野生植物种国际贸易公约》在国际上被认为是目前生物多样性领域中可操作性最强的一项国际条约（Wijnstekers，2002）。

在《濒危野生动植物种国际贸易公约》第12届和第13届缔约国大会上，《濒危野生动植物种国际贸易公约》有了新的发展。例如经过有关提案国10年的努力，拉丁美洲的桃花芯木在第12届缔约国大会上被列入公约附录II中，对其贸易进行规范管理，以让那些已经因非法贸易受到损失的原产国受益。这是《濒危野生动植物种国际贸易公约》第一次将木材纳入该公约的附录。此外，在《濒危野生动植物种国际贸易公约》第12届缔约国大会上，还将鲸鲨和姥鲨列入了附录II。鲸鲨是世界上最大的鱼类，可以长到20米长、34吨重。由于其肉、鳍（鱼翅）、肝油一直是世界渔业贸易中的对象，其数量在逐年下降。姥鲨是迁徙频繁的鱼类，由于其肉和鳍可被食用而被大量捕获和猎杀。

第12届濒危野生动植物种国际贸易公约缔约国大会（图7-2）还将亚洲的26种龟鳖列入了公约附录II。这些龟绝大部分源自南亚、东亚和东南亚，大量地被食用或入药及在世界宠物市场被消费。由于非法捕捉、贸易和栖息地的丧失，近年来，这些龟鳖的数量减少，其生存受到国际贸易的影响。

图 7-2 第 12 届濒危野生动植物种贸易公约缔约国大会会场（蒋志刚摄）

图7-3　非洲象（蒋志刚摄）
（从1990年CITES公约全面禁止象牙贸易后，关于非洲象象牙贸易是否能够解禁，一直是人们争论不休的问题。）

在第13届濒危野生动植物种国际贸易公约缔约国大会上，缔约国将海马贸易列入管理范围。由于过度捕捞、污染和沿海地区的发展所造成的生存环境的破坏，海马的种群数量已经到了令人关注的下降阶段。由于逐步增长的传统医药的需求、宠物市场、旅游纪念品和古玩市场的需求，在20世纪90年代初每年至少就要从野外捕获2000万只海马，而且贸易量每年递增8%～10%。因此，有32种海马被列入CITES公约附录II。

在对非洲象（图7-3）加大保护力度的同时，第13届濒危野生动植物种国际贸易公约缔约国大会有条件地准许博茨瓦纳、纳米比亚和南非3国一次性出售其合法登记的库存象牙。此外，大会通过决议，严格限制商业性开发海龟、玳瑁、鹦鹉、深海鳕鱼等野生物种。

根据2004年秋天CITES公约第13届缔约国大会通过的提案，CITES公约秘书处对其附录物种作了修订，颁布了该公约3个新的附录，这3个新的附录中收录物种总数约33 000种，其中动物约5000种，植物约28 000种（表7-1，中华人民共和国濒危物种进出口管理办公室，中华人民共和国濒危物种科学委员会，2005）。

在新版的CITES附录中，中国列入该CITES公约附录的野生动

表 7-1　CITES 附录物种统计

类别	附录I			附录 II			附录III		
	种	亚种	种群	种	亚种	种群	种	亚种	种群
哺乳类	228	21	13	369	34	14	57	11	
鸟类	146	19	2	1401	8	1	149		
爬行类	67	3	4	508	3	4	25		
两栖类	16			90					
鱼类	9			68					
无脊椎动物	63		5	2030	1		16		
植物	298	4		28 074	3	6	45	1	2
总计	827	47	24	32 540	49	25	292	12	2

表 7-2　CITES 附录中中国原生物种统计 *

类　　别	附录 I	附录 II	附录 III	总　计
哺乳类	45	75	14	134
鸟类	33	111	12	156
爬行类	6	9	18	33
两栖类	1	1		2
鱼类	1	14		15
无脊椎动物		343		343
植物	19	1293	4	1316
合计	105	1846	48	1999

* "原生"指原来在中国自然野生的物种。一些引进的和引进后逃逸成为野生的物种，如仙人掌科植物等，未计在内。还有一些我国的种类，只有其国外种群被列入CITES附录者，亦不计在内，如人参。

植物总数为1999个物种，占CITES附录物种总数的约 6 %（表7-2，孟智斌、王珺，2005）。

　　除了控制野生动植物的合法贸易之外，打击濒危野生动植物的非法贸易也是CITES公约的一项重要任务。冷战以后，各国的边界陆续开放，互联网使得世界成为一个整体，人们只要在计算机前点击键盘即可获得各种各样的信息，世界的贸易量大增，跨国有组织的犯罪也在上升。跨国犯罪组织通过野生动植物走私获得了高额利润。这种走私的组织与毒品走私组织没有多大区别，他们组成由资源国的非法盗猎、采集者与消费国的非法销售商的网络，常常拥有现代化的交

图 7-4　藏羚羊（蒋志刚摄）

通、联络和猎具。例如，20个世纪90年代我国藏羚的盗猎。

　　藏羚(*Pantholops hodgsoni*)（图7-4)属牛科、藏羚属，分布在青海、西藏和新疆。藏羚适应高寒气候，藏羚的绒毛纤细轻软，弹性好，保暖。用藏羚绒做成的"沙图什"（Shahtoosh）是一种华贵披肩。一条长2米、宽1.5米的沙图什，重量仅100克左右。克什米尔地区是"沙图什"加工地点，制作"沙图什"的唯一原料取自藏羚羊绒。"沙图什"在印度和西方有较大市场需求。1996年，一条藏羚绒披肩在伦敦的售价曾达3500英镑。中国国内没有对"沙图什"披肩的需求，中国也从未出口过藏羚绒，而20世纪末国际上每年藏羚绒的贸易额却高达上千万美元。对藏羚绒巨大的市场需求给藏羚羊带来了灭顶之灾。一条长2米、宽1米、重100克的"沙图什"需要以3只藏羚的生命为代价。为了生产"沙图什"，追求高额利润，曾有人非法猎杀藏羚。1995年，青藏高原的藏羚总数，由1980年前的10万余只急剧降至5万余只。

　　在《濒危野生动植物种国际贸易公约》秘书处和中国濒危物种进出口管理办公室的共同倡议下，1999年，在西宁召开了"中国西宁藏羚羊保护及贸易控制国际研讨会"，来自中国、法国、印度、意大利、尼泊尔、英国等7个国家的代表们经过深入讨论和充分酝酿，发布了《关于藏羚羊保护及贸易控制的西宁宣言》。宣言要求藏羚羊分布国、过境国和贸易消费国在保护和控制藏羚羊绒贸易中所承担的责任，呼吁濒危野生动植物种国际贸易公约缔约国和非缔约国为制止这一非法活动提供法律

　　CITES公约和国际刑警组织、世界海关组织、一些非政府组织

以及各国政府一道正在监测国际野生动植物走私的动态，指出这种走私的危害，以采取相应的措施（Vaquez，2003）。最近，我国藏羚羊种群数量已恢复到10万只左右。

《濒危野生动植物种国际贸易公约》也受到一些人士的批评，如过多地关注明星物种，对植物的关注比动物少（Reeve，2002）。在第11届、第12届和第13届公约缔约国大会，有关南部非洲象牙贸易的争议即是一例。以津巴布韦、纳米比亚等国为一方，以南部非洲的非洲象种群数量增加为理由，主张南部非洲的象牙贸易解禁，用出售象牙的收入用于非洲象的保护，而以肯尼亚等国为另一方则坚决反对象牙贸易解禁，这些争论耗费了大量的时间和精力（图7-5）。另外，有人指出公约在近几次缔约国大会上，将越来越多的物种纳入公约附录，公约对物种的管制过多，可能有悖于公约的可持续利用宗旨(Lapointe, 2004)。

图 7-5　海关查获的走私象牙制品
（蒋志刚摄）

二、中国野生动植物国际贸易管制

中国1981年正式签署了CITES公约。为了履行CITES公约，国务院授权前林业部建立了CITES公约中国管理机构——中华人民共和国濒危动植物物种进出口管理办公室(简称国家濒管办)，授权中国科学院设立CITES公约中国科学机构——中华人民共和国濒危物种科学委员会(简称国家濒科委)。国家濒科委聘任国内中国科学院、国家科技部、大学和其他部门研究所知名动植物学家担任委员。国家濒管办已经在全国12个重要野生动植物进出口口岸城市设立了办事处。

1. 中国履行CITES公约的措施

中国对濒危野生动植物物种实行进出口证管理制度。按照CITES公约规定：CITES管理机构在签发CITES公约附录I物种进出口许可证之前、附录II和附录III物种的出口许可证之前，必须征求科学机构的意见。科学机构必须证明，野生物种出口不会危及野生物种的生存。CITES管理机构在制定全国性年度出口限额之前，必须征求科学机构的意见。科学机构必须监测对附录II物种标本签发的许可证和附录II物种标本的实际出口量。科学机构必须定期核审监测贸易物种的现状。

中国对《濒危野生动植物种国际贸易公约》的履约采取了比公约要求更严格的措施。例如，在中国，所有的人工养殖的野生动植物（即传统的家畜和栽培作物以外的野生动植物），如人工养殖的梅花鹿、马鹿等，均作为野生动植物对待，其进出口仍作为野生动物进出口管理。

2. 中国的野生动植物国际贸易

根据《濒危野生动植物种国际贸易公约》，人工驯养繁殖的第2代以上的濒危野生动植物的后代可以进行国际贸易。我国的野生动植物及其产品的进出口是我国国际贸易的重要内容。其中，很大一部分野生动植物贸易是人工驯养繁殖的第2代或第2代以上的濒危野生动植物的后代。例如，人工养殖、繁殖的猕猴、食蟹猴，人工种植的兰花等。在1999年，中国共向日本、荷兰、美国、英国、瑞典、德国、比利时、法国、丹麦和南非等国出口了7912只人工繁殖的灵长类动物贸易金额达5 310 000美元（表7-3）。这些人工繁殖的灵长类动物是目前各国生物学、动物行为学，特别是医学实验室中不可替代、不可缺少的实验动物。通过国际贸易的合法渠道，人们在实验室里使用这些人工繁殖的灵长类动物客观上降低了对野生灵长类动物的需求。

国际上对兰花的需求量也很大，例如1999年度中国出口了13种兰花，贸易量近250万株，贸易金额达46万多美元（表7-4）。另外，还有参展、赠送的兰花13种。

表7-3　1999年中国出口的猴类

猴　类	贸易数量（只）	贸易金额（美元）
食蟹猴	5191	3 206 852
猕　猴	2721	2 105 350

表7-4　1999年中国出口的兰花种类与贸易量

种　类	贸易量（株）	贸易金额（美元）
墨　兰	1 057 000	245 500
寒　兰	485 000	90 830
建　兰	1000	106 309
春剑兰	50 000	7248
大花蕙兰	3000	553
蝴蝶兰	500	553
跳舞兰	500	643
石　斛	200	257

三、我国野生动植物利用前景与对策

在中国加入世界贸易组织的新形势下，我国野生动植物持续利用与合法国际贸易的前景仍是光明的。

我国野生动植物的利用有着广阔的前景。因为中国有着丰富的野生动植物资源，这其中有许多特有的野生动植物种类以及一些主要分布在中国的种类。如扬子鳄（图7-6）是中国已经在CITES公约秘书处注册的物种，在长江中下游地区有开发养殖前景。再如中国的国兰。罗毅波（2005）指出：目前的国兰市场既存在着以收藏珍奇品种为主的收藏市场，也存在以规模化繁殖生产为主的、面向普通民众的大众市场。珍奇品种市场在我国有悠久的历史，它的特点是市场小，价格高，市场波动大，而大众化市场在我国还刚刚起步，它的特点是市场大，价格为普通消费者接受，市场需求比较稳定等特点。毫无疑问，国兰产业发展应与其他兰花一样，应该坚持以大众

图7-6　扬子鳄

化市场为主要发展方向，同时兼顾珍奇品种市场。国兰的种子繁殖则既可以达到组织培养繁殖的规模，其繁殖的后代又可产生一定的变异来满足珍奇品种市场的需求。国兰与其他兰科植物一样种子数量十分巨大，一般每个蒴果内都有上万粒，最多可达十几万粒种子。利用高技术手段，兰科植物种子的发芽率可达到30%～40%，最高达60%以上。因此，利用兰科植物种子进行繁殖可以达到利用组织培养繁殖的规模，而且种子繁殖的后代还有可能产生变异，这正是育种工作者所需要的，也是市场所需要的（图7-7）。

中国有着多种多样的生态气候条件和辽阔的国土，进入21世纪以后，农业的多元化是世界潮流。可持续利用野生动植物，因地制宜开发可更新的生物资源是今后种植业、养殖业的发展方向之一。中国有丰富的劳动力资源，特别是欠发达的西部地区，开发那些无法进行机械化和规模化生产的野生动植物，其生产和加工过程中需

图7-7　卡特兰（蒋志刚摄）

要大量的人力资源。这些地区具有人力资源优势。

中国的野生动植物蕴含着丰富的遗传资源。这些遗传资源有待开发。现代生物学技术为开发利用遗传资源创造了条件，如何利用中国的生物资源优势，开发具有自主知识产权的产品是目前我们面临的一项挑战。

我国持续利用野生动植物的对策如下：

(1) 加强驯养繁殖，推动农业多样化

我国人工繁殖驯养野生动植物将是我国可持续利用野生动植物资源的一条途径。对于一个农业大国，一个生物资源大国，一个农业劳动力资源丰富的国家，中华文化与中国的生态环境、中国的生物资源有着密不可分的联系。积极驯养繁殖野生动物，积极栽培野生植物，是弘扬民族文化，减少对野生动植物资源的依赖，是中国发展经济，推动农业多样化的一条重要途径。同时，利用人工繁殖驯养野生动植物，筹措部分管理经费，从而达到保护珍稀野生动植物、持续利用野生动植物资源的目的。

(2) 探讨濒危物种繁育，推动人工繁育后代出口

我国许多野生动物繁育中心和野生植物栽培基地已经掌握了成熟的野生动物繁育技术和野生植物栽培技术，如猕猴、食蟹猴的人工繁育。此外，我国尚有许多野生动植物，尚未成功人工繁殖，如麝、蟒等。我国的传统中成药配方还离不开麝香，人工养麝取香，有着广泛的国内市场与国际市场。蟒皮为制作中国传统乐器——二胡所需，二胡是民族乐器中的重要乐器种类之一，鼓膜一般用蟒蛇皮制作。蟒蛇属（*Python spp.*）所有种均列入了CITES附录II，限制国际贸易，其中指名亚种（*P. molorus molorus*）列入附录I，禁止国际贸易。我国野生动物保护法把蟒蛇列为一级保护动物，禁止捕捉。但是，目前我们尚不能人工繁殖蟒，生产二胡所需的蟒皮来自野生蟒蛇。因此，寻找蟒皮代用品是一项迫切的任务，最近，有报道称有人成功开发了蟒皮的代用品。

罗毅波（2005）建议建立国兰种子繁殖的技术体系。包括人工杂交育种技术，种子采收，种子春化、播种以及有菌和无菌培养基的配制等技术；不同种类共生真菌的分离、纯化和共生真菌菌株的培养。利用营养体进行组织培养快速繁殖技术的研究。泰

图 7-8　第 13 届 CITES 缔约国大会上泰国代表团的兰花展台 （蒋志刚摄）

国在人工培育兰花方面取得了成功经验，兰花栽培是泰国年产值20亿泰铢的产业（图7-8）。在泰国的推动下，第13届缔约国大会通过决议，豁免兰科所有列入附录II兰属（*Cymbidium*）、石斛属（*Dendrobium*）、蝴蝶兰属（*Phalaenopsis*）和万代兰属（*Vanda*）杂交种的人工培植标本，其国际贸易不受CITES管制。

　　公约的管理机构与科学机构可以确定人工繁殖的动物或人工培植的植物标本贸易是否可以从《濒危野生动植物种国际贸易公约》有关条款中豁免。我们应当遵守《濒危野生动植物种国际贸易公约》。我国野生动物保护法提倡动物的驯养繁殖，但还没有像《濒危野生动植物种国际贸易公约》那样对人工繁殖和人工培植制定的技术标准，因而，繁殖或培植的认定工作将是公约科学机构的一项重要职责。

　　(3) 加强野生动植物研究，进行科学决策

　　为了履行《濒危野生动植物种国际贸易公约》，要求中国动物学家和植物学家必须及时地掌握我国野生动植物资源的现状，监测野生动植物的国际贸易，在保证野生动植物资源的可持续利用和贸易的前提下，管制那些由于大规模开发和国际贸易而导致"经济灭

绝"的物种。动物学家、植物学家可以通过CITES科学机构向CITES公约缔约国大会提出将一种动物或植物列入CITES公约管制物种名录，也可以提出将一种动物或植物从CITES公约管制物种名录中剔除。这些提案需要CITES多数缔约国的赞同。于是，生物学家参与了国际法的制订，生物学家的研究能够影响濒危野生动植物贸易规则的制订。

管制野生动植物的国际贸易，是为了防止那些由于大规模开发和国际贸易而面临"经济灭绝"的物种从地球上消失。CITES公约是一项国际法。为了履行这项国际法，传统的生物学研究必须为国际法的立法、执法提供科学依据。传统的生物学科在管制濒危动植物国际贸易以保护生物多样性这一点上，与国际法律、贸易政策找到了结合点。我们对濒危野生动植物的贸易调查研究为濒危动植物国际贸易提供了信息（Li 和 Li, 1998；Zhou 和 Jiang, 2004, 2005）。

此外，加入WTO后我国的医药产业面临的严峻挑战，加快医药产业的科技创新，国家将"创新药物和中药现代化"列为"十五"重大科技专项。国家重大科技专项"创新药物和中药现代化"旨在加速实现我国新药研制从仿制为主向自主创新为主、创仿结合的战略性转轨，开创我国新药研制工作的新局面，大幅提高我国新药研究和开发的综合实力，加快中药现代化、国际化进程，为我国医药产业应对入世后的战略性调整提供科技支撑和保障。

在药用资源野生动植物方面，我们应当积极地研究开发野生动植物的代用品，如为了缓解中成药市场对麝香的需求，我们已经研制了人工麝香，一定程度上缓解了中成药市场对麝香的需求。在CITES历史上，犀牛角、虎骨、象牙等许多濒危物种成分的贸易，由于不符合可持续利用原则国际贸易被禁止，影响到我国的中药文化和雕刻艺术的可持续发展。我国的任何传统文化和传统医药，如果背离了CITES公约的可持续利用的宗旨，也可能步前车之辙而受到影响。因此，在CITES框架内研究濒危野生动植物保护、资源恢复及可持续贸易的管理体系势在必行。

因此，我们仍需要继续探讨新形势下中国野生动植物资源保护、可持续开发、濒危野生动植物国际贸易管制，探讨传统的生态学是如何影响国际法和国际贸易政策的制订的。

第八章　中国的物种保护

生物多样性的保护分为两种途径：以物种为中心的传统保护途径和以生态系统为中心的景观保护途径。前者强调对濒危物种本身的保护，而后者强调对景观系统和自然栖息地的整体保护，力图通过保护景观多样性来实现物种多样性的保护。就一般生物多样保护措施来说，主要有就地保护和迁地保护（蒋志刚等，1997）。就地保护指在原来生境中对濒危动植物实施保护。我们所熟悉的自然保护区和国家公园皆属此类。这种方式是长期保护生物多样性的最佳策略，是生物多样性保护的根本途径，主要通过保护物种的栖息地来实现，实际包含着生态系统的就地保护和野生生物的就地保护紧密相连的两个方面。

一、野生动植物的采集

1996年9月30日，我国第一部专门保护野生植物的行政法规《中华人民共和国野生植物保护条例》由国务院正式发布，并于1997年起实施。其宗旨是：保护、发展和合理利用野生植物资源，保持生物多样性；规范在中华人民共和国境内从事野生植物的保护、发展和利用活动；保护依法开发利用和经营管理野生植物资源的单位和个人的合法权益；鼓励和支持野生植物科学研究、野生植物的就地保护和迁地保护。

该条例规定：国家保护野生植物及生长环境，禁止任何单位和个人非法采集野生植物或者破坏其生长环境；禁止破坏国家重点保护野生植物和地方重点保护野生植物保护点的设施和标志；监视、监测环境变化对国家重点保护野生植物生长和地方重点保护野生植物生长的影响，并采取措施维护和改善国家重点保护野生植物和地方重点保护野生植物的生长条件；由于环境影响对国家重点保护野生植物和地方重点保护野生植物的生长造成危害时，野生植物行政主管部门应当会同其他有关部门调查并依法处理；建设项目对国家重点保护野生植物和地方重点保护野生植物的生长环境产生不利影响的，建设单位提交的环境影响报告书中必须对此作出评价；对生长受到威胁的国家重点保护野生植物和地方重点保护野生植物应当采取拯救措施，必要时应当建立繁育基地、种质资源库或者采取迁地保护措施；禁止采集国家一级保护野生植物，禁止出售、收购国家一级保护野生植物；出口国家重点保护野生植物或者进出口中国参加的国际公约所限制进出口的野生植物的，必须经主管部门审核、批准；外国人不得在中国境内采集或者收购国家重点保护野生植物。

2001年12月17日，为加强野生植物保护管理工作，根据《中华人民共和国野生植物保护条例》的规定，国家林业局出台了《国家重点保护野生植物采集证》管理制度，规定：

采集林区内、自然保护区、城市园林或风景名胜区内的国家重点保护野生植物和林区外国家重点保护野生树木，须填写《国家重点保护野生植物采集申请表》，经主管部门按照一事一批的审批管理制度审批通过后，配发《国家重点保护野生植物采集证》。

因科学研究、人工培育、文化交流等需要采集国家一级保护野生植物的，应向采集地县级林业行政主管部门提出申请，经县级林业行政主管部门初审后，报采集地省级林业行政主管部门复审。复合格后，由省级林业主管部门或森工（林业）集团公司报国家林业局批准，由采集地省级林业主管部门或森工（林业）集团公司核发《国家重点保护野生植物采集证》。

需要采集国家二级保护野生植物的，应向采集地县级林业行政主管部门提出申请，经县级林业行政主管部门审核后，报省级林业行政主管部门或森工（林业）集团公司审批，由采集地县级林业主管部门核发《国家重点保护野生植物采集证》。

采伐国家重点保护野生树木的，在申请《国家重点保护野生植物采集证》的同时，应依照国家有关规定申请办理《林木采伐许可证》，并纳入森林采伐限额管理。

由于科学研究，引种驯化等目的需要猎捕国家一级重点保护野生动物时，需要经过国家野生动物主管部门批准。由于科学研究，引种驯化等目的需要猎捕国家二级重点保护野生动物时，需要经过省级野生动物主管部门批准。需要跨地区运输野生动物的，需要向省级野生动物管理部门申请野生动物运输证。

二、重建诺亚方舟：秦岭的自然保护区群

1997年作者和三位美国专家从四川成都乘飞机去位于秦岭腹地的陕西周至县老县城自然保护区考察。当飞机飞越秦岭时，我们看到山高万仞，郁郁葱葱的秦岭横亘于中华大地的腹地，宛如一条生机勃勃的绿色巨龙。在它南北两侧是关中平原和汉中平原。那是我第一次在空中鸟瞰这座著名的山脉。

秦岭山势连绵起伏，水土丰厚，植被茂密，是横贯中国中部，东西走向的山脉，由古老褶皱断层构成。它是我国地理上的南北分界线，黄河与长江水系的分水岭。广义的秦岭西起甘肃、青海两省边境，东到河南省中部。狭义的秦岭仅指陕西省境内的一段秦岭山脉（东经106°05′～111°05′，北纬32°40′～34°35′），秦岭东西长400～500千米，南北宽120～180千米。秦岭主峰太白山高3767米。秦岭是很多中国特有珍稀濒危野生动植物的庇护所，是全球生物多样性保护的热点区域之一。

秦岭的北坡是古北界华北区黄土高原亚区的南缘，南坡是东洋界华中区西部高原亚区的北缘，秦岭的动物具有明显的过渡性。秦岭有哺乳动物87种，鸟类340种。秦岭动物区系中的旗舰物种是大熊猫（图8-1）。大熊猫现分布于四川、陕西和甘肃的岷山、邛崃山、

图8-1 大熊猫（蒋志刚摄）

大小相岭、凉山和秦岭，生活在海拔1200～3400米的落叶阔叶林、针阔混交林和亚高山针叶林带的山地竹林内。大熊猫是独栖动物，无固定巢穴，主要以竹子为食。据20世纪80年代中期调查，野外大熊猫数量约为1000只，栖息地面积约13 000平方千米。目前，野外大熊猫的数量增加到1569只。秦岭山脉是大熊猫分布的最北区域，也是大熊猫种群密度最高的区域之一，大熊猫主要分布在秦岭的佛坪、洋县、周至、宁陕、太白、城固地区。1964年，北京师范大学郑光美在带领学生在秦岭实习时发现了一张大熊猫的皮，在《动物学杂志》上报道了秦岭的大熊猫。北京大学潘文石曾带领研究生在秦岭的佛坪、长青自然保护区开展了长达10多年的野外研究，写作了《秦岭大熊猫的避难所》一书，介绍了秦岭的动物与大熊猫。人们曾经在秦岭发现过一只棕色的大熊猫，现在有人认为秦岭的大熊猫与岷山、邛崃山、大小相岭、凉山的大熊猫分别为两个亚种。

大熊猫是一种孑遗动物，大熊猫在更新世与剑齿虎、剑齿象以及北京猿人、南方猿人一起生活，广泛分布，称为大熊猫——剑齿象动物群。在更新世中晚期，秦岭及其以南山脉出现大面积冰川，在距今约1万8千年前的第四纪冰期之后，大熊猫——剑齿象动物群衰落。大熊猫在我国北方绝迹，南方的大熊猫分布区也骤然缩小。我国古代人民早就发现了大熊猫，大熊猫在古代有许多别称，如貔貅、貘、貊、驺虞、白熊、花熊、竹熊、食铁兽等，古籍中曾有关于大熊猫充满传奇的记载。

1963年中国建立了第一批5个自然保护区保护大熊猫。迄今，四川、甘肃、陕西3省已建保护大熊猫为主的自然保护区共30多个，面积约10 550平方千米，占大熊猫实际分布区面积的80%以上。秦岭的大熊猫作为一个独立的种群，数量较少，由于人类活动和道路的建设，秦岭的大熊猫被分隔成几个小种群。虽然秦岭被誉为大熊猫的天然庇护所，但是如果秦岭大熊猫栖息地继续退化和破碎化，秦岭大熊猫的命运将岌岌可危。从1965年秦岭建立第一个自然保护区——太白山自然保护区以来，秦岭地区相继建立了佛坪、周至、牛背梁、长青等国家级自然保护区。形成了秦岭自然保护区群，面积达4148平方千米。2002年在秦岭又建立了12个新的大熊猫保护区，总面积876平方千米。世界自然生物基金会于2001年底在秦岭与野生动物保护部门合作，将天然林资源保护工程与大熊猫栖息地保护结合，尝试在秦岭自然保护区之间为大熊猫建立通道，以期解决大熊猫栖息地破碎化问题。

在秦岭还生活着小熊猫、金丝猴和羚牛。小熊猫，也叫红熊猫、九节狼。分布于四川、陕西南部、甘肃东南部、青海东南部、云南和西藏。小熊猫在秦岭与大熊猫同域分布，两者的食性相似，都是以竹子为食。一般来说，如果在同一个生态系统中，如果两种动物的食性相似，那么，这两种食竹的动物如何能共同生活在同一个生态系统之中呢？原来大熊猫与小熊猫的生态位发生了趋异。

金丝猴（图8-2）是我们中国特有的猴类，金丝猴鼻孔向上仰，所以也叫仰鼻猴，在森林中，毛色金黄的川金丝猴让人过目难忘。仰鼻猴总共有4种：川金丝猴、滇金丝猴、黔金丝猴、越南金丝猴。生活在秦岭的是川金丝猴，是最早被发现定名的金丝猴，是金丝猴家族里最繁盛的一群。在秦岭的太白、周至、老县城、佛坪自然保护区都有金丝猴分布。

羚牛，又称为扭角羚，羚牛长着一双弯曲向上生长的角。各地羚牛的毛色不同，云南西部和西藏的羚牛毛色为深褐色，青海和四川羚牛被红棕色毛，秦岭羚牛的被毛则带金色光泽。羚牛是典型的高寒动物种类，栖息于海拔3000米以上的森林或草甸，冬季又迁移至2500米以下的针叶林中。羚牛身躯高大，攀爬能力强，能在悬崖陡壁上往来自如。羚牛喜小群同栖，休息或吃草时，有一头公牛放哨瞭望，公牛发现情况后，发出"叭——叭"的信号，然后带头逃走。成年雄性羚牛常常离群独居，雄

图 8-2　秦岭的金丝猴（张耳摄）

性羚牛秋季发情时富有攻击性。陕西动物研究所吴家岩、中国科学院动物研究所宋延龄等在秦岭系统地研究了羚牛。自从野生动物保护法颁布实施以来，秦岭的羚牛种群数量恢复较快，近年常常有成年羚牛从秦岭深处下山，进入村落，攻击农民的报道。

秦岭还是鸟类的乐园，生活着朱鹮(Nipponia nippon)、红腹锦鸡（Chrysolophus pictus）（图8-3）、血雉（Ithaginis cruentus）、红嘴相思鸟（Leiothrix lutea）、黄腹山雀（Paurs venustulus）等。朱鹮一身羽毛洁白如雪，裸露的脸颊呈朱红色，体态秀美典雅，在民间被看作是吉祥的象征。朱鹮曾广泛分布于中国、日本、俄罗斯等地。但由于环境恶化等因素导致数量急剧下降，20世纪70年代朱鹮在中国、日本、俄罗斯野外已无踪影，一度成为世界最濒危鸟类之一。1981年5月，中国科学院动物研究所刘荫增等在位于秦岭南坡的海拔1356米的陕西洋县姚家沟发现了7只朱鹮和2个朱鹮的巢。陕西洋县为世界上唯一的朱鹮野生种群建立了保护站，对朱鹮进行精心保护，开展了人工饲养、繁殖的研究。朱鹮在海拔800~1200米营巢，朱鹮营巢地山高林密，交通闭塞，环境幽静。从1993年至2000年，建立了13个朱鹮保护地，总面积达4230公顷，朱鹮野生种群数量增加，朱鹮总数已超过五百只。濒危状态得到缓解。据近几年的调查，朱鹮的活动范围逐年扩大到城固、勉县、西乡、佛坪、汉台约3000平方千米的地区。

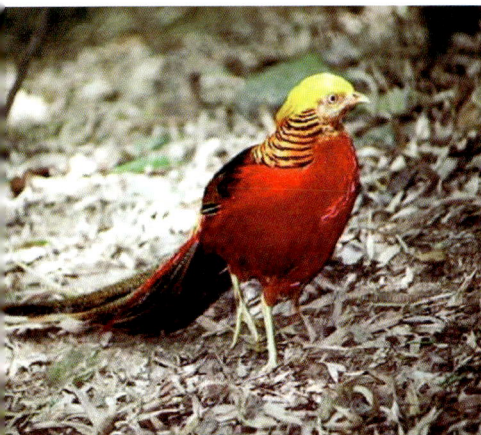

图8-3 红腹锦鸡（卢学理摄）

在秦岭旅行，路边可能不时会飞出一只金黄色的金鸡，发出一阵"咕咕"声。金鸡也叫红腹锦鸡，雄鸟全长约100厘米，雌鸟约70厘米。雄金鸡头顶具金黄色丝状羽冠；后颈披肩橙棕色。身体上部除上背为深绿色外，其余为金黄色，腰羽深红色。飞羽、尾羽黑褐色，布满桂黄色点斑。身体下部通红，羽缘散离。嘴角和脚黄色。雌金鸡身体上部棕褐，尾淡棕色，身体下部棕黄，均杂以黑色横斑。金鸡栖息于海拔600～1800米的山坡竹灌丛。以蕨类、麦叶、胡颓子、草籽、大豆等为食。3月下旬金鸡进入繁殖期，筑巢于乔木树下或杂草丛生的低洼处，每窝产卵5～9枚，淡黄褐色，无斑，孵卵期22天。

血雉，也叫血鸡。体长约40厘米。雄鸟羽衣彩色斑斓。身体上部灰褐色，有白色羽干纹。额、眉纹及在眼下的一宽条纹为黑褐色，上有若干绯红色羽毛；头顶有羽毛向后延伸与头侧向后延伸的羽毛共同形成羽冠。飞羽褐色，有白色羽干纹。尾羽灰白色，尾下覆羽绯红色。上胸为淡灰黄色；下胸和两胁为草绿色；雌鸟体羽主要为暗褐色，具不规则褐斑。嘴黑色。脚绯红橙色。血雉栖息于秦岭的针阔混交林中，以植物种子为主要食物，兼食昆虫。血雉集群生活，随季节垂直迁移。繁殖期在4月下旬至6月份。筑巢于冷杉树木基部的树洞中，以干树叶铺于枯枝上而成。每窝产卵2～6枚，黄白色，有血色斑点。

红嘴相思鸟体长15厘米，分布于我国南方、印度、尼泊尔到越南北部一带。红嘴相思鸟是体色鲜艳的小巧鹛类，具红喙。身体上部为橄榄绿，眼周有黄色块斑，身体下部橙黄。尾近黑而略分叉。翼略黑，颏、喉至胸呈辉耀的黄色或橙色、腹乳黄色。红色和黄色的羽缘在歇息时成明显的翼纹。叫声响亮、欢快悦耳。雄鸟叫声为多音节；雌鸟的叫声为单音节。我们可从叫声、眼周颜色、头顶颜色、胸部红色大小等方面区别红嘴相思鸟的性别。红嘴相思鸟栖居于秦岭常绿阔叶林、常绿和落叶混交林的灌丛或竹林中，在树丛下层，中层或树冠觅食，很少在林缘活动。红嘴相思鸟清晨在沟谷灌丛活动，日出后飞往山坡，在树丛下层觅食。食后喜集群在树顶鸣叫，群体多栖于一枝，相偎相依雌雄形影不离，不甚畏人。每年5～6月，红嘴相思鸟在荆棘或矮树上营巢，产卵3～5枚。卵呈绿白色至浅绿蓝色，散布有暗斑。由于鸟羽衣华丽、动作活泼、姿态优美、鸣声悦耳，颇受人们喜爱。黄腹山雀是秦岭山区常见的山雀，国家邮政局于2004年1月1日发行的第三组《中国鸟》2枚普通邮票中，有一枚即是黄腹山雀为图案的邮票。

秦岭的爬行动物有多疣壁虎（*Gekko japonicus*）、北草蜥

图8-4　秦岭拟小鲵（唐继荣摄）

(*Takydromus septentrionalis*)、秦岭蝮(*Agkistrodon qinlingensis*)、白头蝰(*Azemiops feae*)、玉斑锦蛇(*Elaphe mandarina*)、赤链蛇（*Dinodon rufozonatum*）等；两栖动物有大鲵(*Andrias davidianus*)、秦岭拟小鲵（图8-4）、秦岭雨蛙(*Hyla tsinlingensis*)（图8-5）、隆肛蛙(*Rana guadranus*)、华西蟾蜍(*Bufo andrewsi*)、山溪鲵(*Batrachuperus pinchonii*)、中国林蛙(*Rana chensinensis*)等。秦岭是动物地理区系中的古北界与东洋界的分界线，栖息在秦岭南坡与秦岭北坡的动物种类有差异，特别是两栖爬行动物。例如，位于秦岭南坡的佛坪自然保护区中，两栖爬行动物以东洋界两栖爬行动物为主。

图8-5　秦岭雨蛙（蒋志刚摄）

　　秦岭邻近中华文明发源地。历史上曾经经历多次兵灾战乱，移民开垦。西周及春秋战国时期，秦岭北坡尚有较丰富的森林。尽管秦岭巴山山区的森林破坏较晚，但由于秦岭临近咸阳、长安等古代都城，秦岭成为这些都城的主要建筑用材和薪材的来源地。相对来说，秦岭北坡的森林被破坏的比秦岭以南早。在明、清两朝，秦岭深山处的植被也受到刀耕火种耕作方式的破坏。新中国成立以后，秦岭作为我国的重要林区，建立了一批森工企业，森林被大量砍伐以支持国家的经济建设。20世纪60年代到20世纪末，秦岭林缘退缩了30～50千米，因此导致秦岭中野生动物的栖息地面积减少，支离破碎。现在秦岭的植被以次生林为主。20世纪末，国家组织实施的天然林资源保护工程、退耕还林工程等，为秦岭的植被恢复创造了条件，也为秦岭野生动物的种群恢复与发展创造了条件。

三、中国自然保护区建设

1956年，中国科学院建立了中国第一个自然保护区——广东鼎湖山自然保护区，中国的自然保护区建设从此拉开序幕。自1956年开始到现在，中国自然保护区建设曾经历了一个较长的停滞时期，1965年，中国仅划定了西双版纳、长白山等19处自然保护区。到1978年，全国建成106个自然保护区，面积12 650平方千米，占国土面积0.13%。改革开放以来，中国自然保护区建设进入了一个蓬勃发展的时代(蒋志刚等，1997)。2000年，中国自然保护区数目达1276个，面积达1 230 000 平方千米，占国土面积12.44% （李迪强等，2003）。到2002年底，中国已经建立了1551个自然保护区，面积达1 414 866 平方千米，占国土面积14.7% （图8-6）。到目前为止，中国的自然保护区的数目仍在上升，自然保护区数目达2194个，面积达1 482 258平方千米（其中陆域面积1 422 258平方千米，海域面积约60 000平方千米）。2006年， 根据国家环境保护总局发布的材料，全国的自然保护区数目达2349个， 总面积150万平方千米，占国土陆地面积的15%（图8-7至图8-13）。

1. 中国自然保护区的性质

自然保护地（protected areas）泛指具有保护自然功能的区域，有多种多样的形式，如国家公园(national park)、自然遗产地(nature heritage site)、风景名胜区(scenic zone)、自然保护区(nature reserves)等(Sutherland，1998)。自然保护区只是自然保护地的一类。据IUCN 对自然保护区的分类，自然保护区分为： （Ⅰ）严格保护的自然保护区、荒

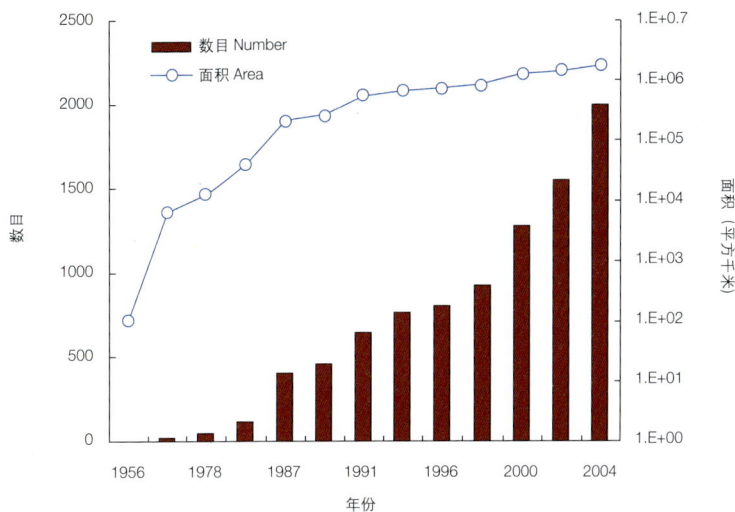

图 8-6　中国自然保护区的数量与面积增长

野地；（II）为生态系统保护和娱乐而设置的国家公园；（III）为保护自然特征而设置的自然纪念地(natural monument)；（IV）通过积极管理来保护的生境与物种管理区；（V）为保护和娱乐目的设置的受保护的地理景观和海洋景观；（VI）为持续利用自然生态系统而设置的受管理的资源保护区等五种类型（IUCN，2004）。

《中华人民共和国自然保护区管理条例》界定了中国自然保护区的性质："自然保护区，是指对有代表性的自然生态系统、珍稀濒危野生动植物物种的天然集中分布区、有特殊意义的自然遗迹等保护对象所在的陆地、陆地水体或者海域，依法划出一定面积予以特殊保护和管理的区域。"并规定在自然保护区的禁止开发和商业生产，禁止在自然保护区的缓冲区开展旅游和生产经营活动，甚至限制在自然保护区的缓冲区开展科研活动：

"第二十六条　禁止在自然保护区内进行砍伐、放牧、狩猎、捕捞、采药、开垦、烧荒、开矿、采石、捞沙等活动；……

第二十八条　禁止在自然保护区的缓冲区开展旅游和生产经营活动。因教学科研的目的，需要进入自然保护区的缓冲区从事非破坏性的科学研究、教学实习和标本采集活动的，应当事先向自然保护区管理机构提交申请和活动计划，经自然保护区管理机构批准。"

图 8-7　陕西长青自然保护区
（袁朝晖摄）

图 8-8　河南太行山猕猴自然保护区
（蒋志刚摄）

图 8-9　江苏盐城丹顶鹤自然保护区
（蒋志刚摄）

图 8-10　浙江百山祖自然保护区
（蒋志刚摄）

图 8-11　江西桃红岭梅花鹿自然保护区 （蒋志刚摄）

图 8-12　江苏大丰麋鹿自然保护区（蒋志刚摄）

图 8-13　陕西宁强青木川自然保护区（蒋志刚摄）

并在自然保护区的核心区严格限制人类的活动：

"第二十七条　禁止任何人进入自然保护区的核心区。因科学研究的需要，必须进入核心区从事科学研究观测、调查活动的，应当事先向自然保护区管理机构提交申请和活动计划，并经省级以上人民政府有关自然保护区行政主管部门批准；其中，进入国家级自然保护区核心区的，必须经国务院有关自然保护区行政主管部门批准。

……自然保护区核心区内原有居民确有必要迁出的，由自然保护区所在地的地方人民政府予以妥善安置。"

中国的自然保护区都是IUCN的第I类自然保护区，即严格意义的保护区(王献溥，崔国发，2003)。既然中国自然保护区是一类严格保护的区域，那么，有必要考察一下中国已建立的自然保护区的类别和面积，为建立、管护这些自然保护区所需要付出的代价，以及中国的国土面积及分类和中国各种类型土地的适宜保护面积。应当清醒地看到，我们可能建立的严格意义上的自然保护区，无疑受到国土面积、人口、经济发展水平的限制，中国的自然保护区的数量将不可能无限制增长，现在到了理性地提出与分析"在中国多大的国土面积可以建设为严格意义的自然保护区"这一问题的时候了(蒋志刚，2005a)。

2. 中国的国土面积及分类

为了分析问题的方便，我们将侧重分析森林、草原、荒漠和湿地等地理景观类型。其中湿地包含海岸滩涂和沼泽，这些土地类型约占中国国土面积的51%（表8-1），是中国主要自然保护区的所在。

按国家林业局(2000)资料，中国有沼泽119 700平方千米，潮间

表 8-1　中国的林地、荒漠、湿地与草原面积

土地类型	面积 (平方千米)	占国土面积 (%)
林地	1 150 000	12
荒漠	1 920 000	20
湿地	120 000	1
草原	1 730 000	18

资料来源：(中国自然保护纲要编写组，1987)

带21 700平方千米，占国土面积 1.42%， 此外，中国还有人工湿地400 000平方千米，天然湖泊91 000平方千米，浅海水域27 000平方千米。

3. 中国自然保护区分类及面积

将自然保护区按地理景观类型划为森林、草原、荒漠、湿地和其他五大类，其中"其他"一类包括为保护地质剖面、地质遗迹、海岛等建立的自然保护区。截至2002年底，森林、草原、荒漠、湿地类自然保护区的面积占全国自然保护区总面积99%，其中森林景观类自然保护区约占中国自然保护区面积的1/5左右，草原景观类自然保护区约占中国自然保护区面积的1/4左右，荒漠景观类自然保护区约占中国自然保护区面积的1/3左右（表8-2）。

表 8-2   中国自然保护区分类与面积

类型	保护区数目	占保护区总数 (%)	保护区面积（平方千米）	占保护区总面积 (%)	占国土面积 (%)
森林	1017	66	296 911	21	3
荒漠	26	2	478 627	34	5
湿地	330	21	272 986	19	3
草原	60	4	348 685	25	4
其他	118	8	17 657	1	0
总计	1551	100	1 414 866	100	15

资料来源：国家林业局野生动植物保护司（2003）,国家环境保护总局（2003）

4. 与世界各国比较

到2002年底，中国的自然保护区面积占国土面积的比例已经超过世界平均水平，不但超过了不发达国家和地区，也超过了世界上发达国家和地区，如加拿大、美国、澳大利亚（诸葛仁，Lacy，2001）和芬兰（表8-3）。然而，中国的自然保护区数量仍在上升。事实上，人们已经注意到中国严格意义的自然保护区面积太大。那么，中国的自然保护区的面积上限应为多大的国土面积？确定中国的自然保护区面积时应当综合考虑我国自然状况、生物多样性、经济发展水平、人口等因素。

表8-3　2002年与2004年中国自然保护区与世界
有关国家和地区2001年的资料比较

国家或地区	保护区数目	保护区面积（平方千米）	占土地面积（%）
加拿大	61	500 842	5.02
芬兰	54	24 530	7.28
俄罗斯联邦	47	21 707	0.13
美国	55	296 499	3.16
非洲北部	56	73 100	1.22
非洲西部	126	293 800	4.85
非洲东部	208	417 400	8.44
非洲南部	673	979 700	14.41
中亚	195	104 500	2.69
南亚	675	284 100	4.44
东南亚	1506	484 100	11.20
澳大利亚与新西兰	3231	1 004 200	13.84
中欧	3665	117 400	5.61
西欧	13 036	490 600	13.39
东欧	5376	575 500	3.22
中美洲	526	263 900	10.91
南美洲	1614	1 828 900	10.43
中国（2002）	1551	1 414 866	14.7

资料来源：UNEP，2002。其中，根据国际自然保护联盟－世界自然保护监测中心的数据：2002年美国有I-VI类型保护地共1 618 387平方千米。

5. 中国自然保护区的适宜面积

作为一个发展中国家，中国应当保护多大的国土面积呢？首先，自然保护区的建设必须与国力相适应。否则，已建立的自然保护区得不到必要的资源投入，将无法履行自然保护的职责，其结果将是许多自然保护区建而不管，成为所谓"纸面上的自然保护区"。

(1) 从财政支出考虑

目前，我国自然保护区的主要靠部门投入和自然保护区的创收。由于各地经济发展的不平衡，有将近1/3的自然保护区没有任何基础设施，有41.5%的自然保护区没有办公经费（国家林业局野生动植物保护司，2002）。这显然有悖于自然保护区的宗旨。因为自然保护区在中国应当是全民的事业。目前要求将自然保护区纳入国家财政预算的呼声颇高。保护固然需要付出成本，问题是成本多高为宜。我们不妨计算一下，一旦这些已经建立的自然保护区纳入国家财政预算，至少需要多少建设与管护经费呢？

设在人口稠密地区每平方千米自然保护区配备2个管护人员作为上限，每平方千米自然保护区配备1个管护人员作为中限，按最低管护人员配备比例，人口稀少的地区每100平方千米自然保护区配备1个管护人员，作为下限。根据自然保护区管理的有关规定自然保护区工作人员的工资高于社会平均工资水平，以2000年自然保护区工作人员的工资为全国平均工资12 592元（《21世纪经济报道》，2004）的1.2倍。实际管理和巡逻设备支出为年均工资的2倍计算，则每平方千米自然保护区管护支出的下限、中限、上限从403、40 294到55 405元不等（表8-4）。以每个自然保护区年均投入基础建设费用的下限、中限、上限分别为50万、200万、1000万元，则匡算的2002年全国自然保护区上限、中限和下限支出分别占2002年国家财政支出的9.26%、5.93%和0.72%（表8-5）。

一般在人口稠密地区，一个管护人员很难有效地管理1平方千米

表 8-4　每平方千米自然保护区的管护支出

	管护人员 / 平方千米	管护投入(元 / 平方千米)
上限	2	55 405
中限	1	40 294
下限	0.01	403

表 8-5　自然保护区的管护支出与固定资产投入占国家财政的比例的估算

	管护费用（百万元 / 年）	固定投入（百万元 / 保护区·年）	占国家财政收入（%）
上限	78 390.58	10	9.26
中限	57 405.24	2	5.93
下限	570.10	0.06	0.72

的自然保护区。每平方千米一个管护人员不应当是这些地区自然保护区的上限。尽管如此，由于中国的自然保护区多位于人口稀少、经济欠发达的西部或山区，如西藏的羌塘自然保护区、可可西里自然保护区、阿尔金山自然保护区和三江源自然保护区等，这些自然保护区的管护人员配置比例可以低一些。但是，每100平方千米配备一个管护人员对于全国大多数自然保护区来说是无法进行管护的。如果按森林、湿地景观类型的自然保护区每平方千米配备1人、荒漠和草原类型的自然保护区管护人员每1平方千米配备1个管护人员的标准计算，中国2002年建立的1551个自然保护区的预算达570亿元，占当年国家财政收入的5.93%（表8-5）。

中国每平方千米自然保护区每年平均投入只有52.7美元，中国46个国家自然保护区每年每平方千米自然保护区面积的管护经费也只有113.1美元，即每平方千米自然保护区面积只投入了约0.1个管护人员（按标准工资计算）。即使在我国5个著名的国家级自然保护区，每平方千米自然保护区的管护投入也只有6900元（850美元）左右（表8-6），即每平方千米自然保护区面积只投入了约0.5个管护人员（按标准工资计算）。而美国的年投入约为2580美元，加拿大为1104美元，澳大利亚为1335美元（韩念勇，2000）。如此之低的投入与自然保护区的重要意义是不对称的。从保护经费的预算看，2002年1551个自然保护区的预算应达到当年国家财政预算的3%以上。从目前中国的经济发展水平来看，这样一个自然保护区总面积事实上应为目前中国自然保护区的面积上限。

表 8-6　2001 年一些典型的自然保护区的经费与管护支出

自然保护区	面积 （平方千米）	经费 （万元）	支出 （万元）	支出 （万元/平方千米）
周至	563.93	250	308	0.55
神农架	704.67	575	575	0.82
八大公山	200.00	230	230	1.15
西双版纳	2417.76	571.5	571.5	0.24
太白山	563.25	223.5	226.5	0.55
平均	971.59	406.63	421.13	0.69

表 8-7　自然保护区内绝对保护区域中人口的高位与低位估算

类型	保护区面积（平方千米）	核心区比例 (%)	核心区面积（平方千米）	低位密度（人/平方千米）	低位人口数	高位密度（人/平方千米）	高位人口数
森林	296 911	30	89 073	10	890 733	20	1 781 466
荒漠	478 627	60	287 176	0.1	28 718	1	287 176
湿地	272 986	60	163 792	0.1	16 379	1	163 792
草原	348 685	50	174 343	1	174 343	2	348 685
其他	17 657	80	14 126	10	141 256	20	282 512
总计	1 414 866		728 509		1 251 428		2 863 631

（2）从人口考虑

目前，地球表面上几乎已经找不到没有受到人类活动影响的地点，也几乎找不到没有人类定居的地点了。目前中国的自然保护区是绝对意义的自然保护区，它要求将人类对自然保护区的影响降低到最低程度。此外，中国的自然保护区是按照人与生物圈自然保护区的模式建立的，一般有实验区、缓冲区和核心区（Batisse，1986；于广志，蒋志刚，2001；李迪强等，1997）。按照自然保护区的人口密度估算，已建立的1551个自然保护区核心保护区域中至少生活着125万人口，高位的估计是286万人（表8-7）。随着自然保护区数目的增长，生活在自然保护区内或周边地区的人口还会增加。

自然保护区多位于不发达地区，而保护区中的核心区则由于交通、产业结构的原因，往往是经济最落后的地区。建立自然保护区后，以前的做法一般是将核心区的人口外迁，但移民开支很大。由于许多自然保护区目前尚未开展基础建设，所以尚未移民。现在，人与生物圈自然保护区的概念发生了变化，强调人与自然的和谐共存(Bridgewater，2002；Redford 和 Sanderson，2000)，IUCN也不主张为建立自然保护区而移民。那么建立自然保护区之后，自然保护区内居民的生产方式、生活方式将受到限制。这些人的生活与生产必将与自然保护区的宗旨发生冲突(Chicchon，2000)。此外，有些深山区、沿海湿地和湖泊的人口虽然稀少，但是这些地区的自然资源是周边社区群众的主要生活来源或生活来源之一。生活在自然保护区周边地区的土著居民具有如何保护和持续利用生物资源的宝贵经验（Pretty 和 Smith, 2003）。如何在保护自然生态的前提下，让生活在自然保护区的土著居民提高生活水平，脱贫致富，是目前中国自然保护区中的一个难题。研究表明，自然保护区周边地区的人类活动是影响自然保护区内保护对象生存的重要因素(Parks 和 Harcourt, 2001)，与此同时，严格保护的自然保护区影响了当地的发展。如退耕还林之后，一些位于山区的自然保护区中居民主要以外出打工为主要经济来源（蒋志刚，2005，2006）。如果要投入资金，安排这些居民转产，若每位居民投入1万元，那么安置这些居民需要125亿到286亿元。如果没有切实可行的措施，那么自然保护区的总面积应当限制在2002年的水平。否则，自然保护区数量越多，面积越大，可能影响的人口将越多。

(3) 从保护对象考虑

中国自然保护区的保护对象是濒危、特有野生动植物种及其栖息生境，重要、典型的生态系统和重要的地质遗迹等3大类。

国家、国际重点保护野生动植物　目前几乎所有在中国分布的国家、国际重点保护野生动植物的重要栖息生境都已经包括在中国自然保护区之中。例如，中国已经为保护大熊猫建立了40多个自然保护区。即使目前在野外尚未发现华南虎的实体，也已经在华南虎的原栖息地建立了自然保护区。目前重要物种的栖息地位于自然保护区外的不多，这些物种的栖息地可以通过调整已有自然保护区来加以保护。

重要、典型的生态系统　我国有704种植被群系，其中90.2%已经被纳入自然保护区（唐小平，2005）。2000年据统计，我国已经为保护湿地与湿地野生动植物建立了262个自然保护区，面积达166 233平方千米。当前湿地面临的主要危机是围垦、污染等。到2002年，湿地类型的自然保护区达330个，面积达272 986平方千米。另据统计，全国湿地3848万公顷，其中自然湿地3620万公顷，自然湿地中沼泽湿地1370万公顷，近海与海岸湿地594万公顷，河流湿地821万公顷，湖泊湿地835万公顷。全国约40%的自然湿地纳入了自然保护区，受到了保护。

重要地质剖面、化石产地、地质遗迹　在现有的自然保护区中，中国的重要地质剖面、化石产地、地质遗迹等也得到保护。一些新发现的地质剖面、化石产地、地质遗迹，正在不断地补充到自然保护区中来。

全球有许多濒危受胁物种生活在自然保护区之外（Clarke，2003）。李迪强等（2004）根据1998年中国自然保护区的资料，对中国自然保护的空缺地区、物种多样性热点地区进行了分析。然而，到2004年，通过新建、调整现有自然保护区的边界，中国的自然保护区已经基本上覆盖了那些空缺地区和热点地区。

(4) 从土地类型考虑

中国的草原和草地要承载256.9亿只绵羊与山羊（World Resource Institute，2002）；从20世纪下半世纪开始，我国的草原载畜量即已经超载。无论是青藏高原还是蒙古高原，建立严格意义的草原自然保护区不应超过草原面积20%，这些自然保护区应选址在大型有蹄类野生动物的重要生境，保护区境内不能建立草地围栏。西藏羌塘自然保护区、可可西里自然保护区和三江源自然保护区的建立后，2002年我国的草原自然保护区面积已达到我国草原面积的20%。

湿地由海岸滩涂和沼泽组成。尽管中国和美国的国土相似（Lindholm和Barr，2001），但中国的海洋湿地自然保护区相对于陆地上的自然保护区少。沿海地区是经济发达地区，考虑到海港、码头、水产品养殖区、土地围垦等因素，海岸滩涂的保护要兼顾经济发展。中国1995～1998年的海洋捕捞量为8765万吨，约为世界总海洋捕捞量的1/9。1995～1998年的水产养殖量为2205万吨，占世界水产养殖量的2/3，中国已经成为世界上最大的海洋水产品养殖国。毫无疑问，为了发展经济，必要将一部分海岸滩涂开发为海港、码头和海洋水产品养殖区。中国内陆的许多重要湿地如洞庭湖、洪泽湖、鄱阳湖也多位于人口稠密地区。因此，建立严格意义的湿地自然保护区面积也不应超过湿地面积20%。2002年，我国的湿地自然保护区面积已达我国湿地面积的19%。

森林包括天然林和人工林。1995年我国的森林面积为1 333 230平方千米，其中天然林为99 523平方千米，约占2/3。但在1996～1998年，这些森林生产了3亿立方米圆木，其中有2亿立方米薪材。在没有找到替代能源和替代材料之前，森林仍然是重要的建材、薪材和纸张原料。因此，为野生动植物的栖息生境和具有功能的自然生态系统而设置的自然保护区必须限定在一定的面积之内。此外，那些生态系统功能不完整的边缘林、一些人工林类型是不宜建成自然保护区的。建立严格意义的森林自然保护区面积估算不应超过森林面积25%。

中国有大面积的荒漠。不同的统计渠道对中国的荒漠面积有差异。据CCICED（China Council for International Cooperation on Environment and Development）估计，截至1999年，我国有荒漠化土地267.4万平方千米，占国土总面积的27.9%；全国沙化土地总面积到1999年为174.31万平方千米，占国土总面积的18.2%（中国沙漠化防治中心，1999）。而据《中国自然保护纲要》的估计，我国荒漠占国土总面积的20%。荒漠地区人烟稀少，但是在那些荒漠正在发展的地区，由于防沙、治沙的需要，并不适宜建设自然保护区。此外，有些荒漠地区是石油矿区，这些地点也不适宜建设自然保护区，因此，综合考虑代表性、典型性和现行国力，建立严格意义的荒漠自然保护区的面积也不应超过荒漠面积的25%。

综上所述，加上未归入上述自然保护区的地质遗迹类和其他类型自然保护区，中国的严格意义的自然保护区面积不宜超过国土面积的10.5%（表8-8）。

如何有效建立自然保护区，使之达到保护的目的是近年来人们的研究热点（Prendergast 等，1998）。到目前为止，中国已经建立了一整套门类齐全、覆盖全国的自然保护区系统。但是，这些自然保护区都是严格意义上的自然保护区。随着国民经济的增长，这些自然保护区应当逐步纳入国家财政。此外，我们有必要参照IUCN的

表 8-8　中国的林地、荒漠、湿地与草原的适宜保护面积

土地类型	可保护面积（%）	可保护面积（平方千米）	可保护面积占国土的比例（%）
林地	25	288 000	3
荒漠	25	480 000	5
湿地	20	48 000	0.5
草原	10	192 000	2

关于自然保护地分类的模式，建立不同类型的自然保护地，如严格保护的自然保护区、国家公园、自然纪念地、野生动植物生境与物种管理区、地理景观海洋景观保护区和生物资源保护区。这其中有的自然保护区类型是严格保护的，禁止人类活动或将人类活动降低到最低限度的，这一类自然保护区的面积应当控制在适宜的面积之内。而其他类型则是可以开展生态旅游、生物资源可持续利用的，受到管理部门积极地科学地管理的保护区，这些广义的自然保护区构成了自然保护地。

中国需要探讨多种形式建立自然保护地。除了严格意义的自然保护区之外，还应当重视其他类型的自然保护地，如国家公园、自然遗产、禁猎区等的建设。一部分现已建立的自然保护区可以分别纳入其他类型的自然保护地管理。此外，还必须明确一点，一个地区即使不是自然保护区，这个地区的野生动植物、生物多样性和生态环境也在国家有关法律的保护之下，地区的经济发展也应当遵从可持续发展的原则。一个地区即使建立了自然保护区，如果不重视自然保护区的管理和建设，那么这个地区的野生动植物、生物多样性和生态环境也会遭到破坏。我们应当重视、尊重人们对自然的观念差异，寻找建设自然保护区人与自然和谐共存、创新发展的和谐社会新途径（Redpath 等，2004）。应当承认，自然资源的可持续利用，生产者、资源管理者与保护人员存在观念的差异（Mace 和 Hudson, 1998）。尝试其他多种多样的自然保护地形式，将为中国的自然保护事业带来活力。

我们还需要探讨自然保护区的动态管理模式，自然保护区的成功重在管理技术和科学的投入（Toit 等，2004；蒋志刚，2004）。下一步的任务应当是对已建立的自然保护区进行调整、建设和充实。那些专门为保护濒危野生动植物物种、恢复受损生态系统功能而建立的自然保护区，必须进行积极主动的人工管理，实施这些管理措施意味着资金的投入（Wilcove 和 Chen, 1998）。而目前国内外对自然保护区的投入，尚没有一定标准（Turpie, 2003），我们有必要探讨与经济发展水平相适应的自然保护区管理模式。

通过对比世界的自然保护区面积与国土面积的比例，我们发现中国的自然保护区面积已经在2002年末超过世界平均水平。但中国严格保护的自然保护区的数量仍在增长。我们必须结合经济发展水平建设严格保护的自然保护区，有必要组织人员深入研究探讨中国严格保护的自然保护区面积的适宜上限，控制严格保护的自然保护区数目的增长，使之与国力和经济发展水平相对称，随着经济发展，适时调整自然保护区的上限。还应当探讨中国自然保护地的类型、适宜建设地点和面积上限，制定全国自然保护地规划。

Buching (2000)曾经研究了欧洲森林自然保护区的数目上限，除了探讨森林类自然保护区的最小面积、数目以外，还总结分析了在欧洲适宜的森林保护面积（Buching, 2003）。Buching认为严格保护的森林保护区应当有适宜的面积大小以保证受保护对象的基因流动和种群完整，并且森林保护区内不应当有农田。他发现欧洲不同的机构提出的最小森林保护面积不一样，从各国森林管理机构提出的最小森林保护面积为森林总面积的1%，学者提出的最小森林保护面积为森林总面积5%、10%～15%，到非政府环境保护组织提出的10%。于是，Buching指出由于各国森林面积的不同，在欧洲森林类自然保护区的最小面积应当不同。

在中国，我们应首先建立一整套自然保护地分类系统，结合研究中国自然保护区中人口、中国国土面积及分类和中国各种类型土地的适宜保护面积，从保存生物物种、生物资源、主要生态系统、可持续利用方面研究探讨中国严格保护自然保护区和中国自然保护地的面积上限。

四、给濒危动植物换个生存环境：迁地保护

不是每一个物种都能够实施就地保护，这时，就必须实施生物多样性保护的另一种重要保护措施——迁地保护。它作为生物多样性就地保护的重要补充，对生物多样性，尤其是濒危动植物的保护发挥着重要的作用。

1. 迁地保护的概念和意义

迁地保护又称为易地保护，是指将濒危动植物迁移到人工环境中或易地实施保护（蒋志刚等，1997）。根据《生物多样性指南》的概括，迁地保护的技术和设施包括：种子库、田间库和精卵

库等基因库；植物组织的离体保存和微生物的培养收集；动物圈养繁育和植物人工繁殖，并有可能将这些物种重新放归自然；在动物园、水族馆和植物园收集生物体，以用于研究、公共教育和提供公众认识。

虽然就地保护是生物多样性长期保护的根本途径，但是当物种的生境严重破碎化甚至消失，物种种群数量急剧缩小，物种在野外已无法自然生存时，我们就只能为这些珍稀濒危动植物换一个生存环境，实施迁地保护。此时，迁地保护成为了它们生存的最后甚至是唯一保障。

实施濒危动植物的迁地保护具有重要意义：①通过科学的保护、繁殖和抚育方法，增加受迁地保护物种的种群数量，使其能够补充野外种群数量或在原分布区重新建立野外种群；与就地保护相结合，共同促进生物多样性保护；②在迁地保护条件下开展濒危物种的濒危原理、生物学、生态学研究，为物种的长期保护提供科学资料；③开展种植资源研究，为物种驯化和种质资源开发提供材料；④通过展览等方法，开展公众环境教育，提高公众环境保护意识。

2. 濒危动植物的迁地保护

由于动物和植物在生物学和生态学特性上有差异，因此濒危动、植物的迁地保护措施也不一样。

(1) 濒危植物的迁地保护

目前，濒危植物迁地保护包括：活植物整体的迁地保护；种子和组织的迁地保护和基因文库保存法（许再富，1998）。

活植物整体的迁地保护 植物园是对活植物整体迁地保护的最主要的方式，国际植物园保护组织（BGCI）将植物园概括为以科学研究、保护、展示和教育为目的，并具有完整档案的活植物保育分区的机构（娄治平等，2003）。BGCI的调查表明，世界共有2000个植物园，收集有80 000种植物，是世界已知维管植物数量的1/3。世界植物园多数分布在西欧和北美，在亚洲则主要分布在中国和印度，它们为世界濒危植物的保护发挥着不可磨灭的作用（图8-14、8-15）。

迁地生境的选择 实施迁地保护，物种脱离了其原来的生存环境，要使保护对象还能够像原来一样或者更好的生存和繁殖，基本

图 8-14　杭州植物园（蒋志刚摄）

前提是它能够适应迁入地的生境条件，一般遵循生境相似性原则。所以，迁入地生境的选择和营造，是濒危物种迁地保护的基本前提。但是，要找到两个完全相同的生存环境，几乎是不可能的事情，因此，对植物本身以及原生存环境的考察和研究就显得相当重要。通过对生境的分析，可以知道植物适合什么样的条件，从而通过寻找或创造相似生境，实施迁地保护。还应考虑到，植物原来的生境并不一定就是它的最适生境。所以，通过对植物本身和原生境的研究，可以为迁地保护的对象创造更好的生存环境，这也就是植物园中的某些植物在迁地保护后出现更好的生长繁殖状况的原因之一。

植物种间关系的维持　在濒危植物的迁地保护中，我们的目的不是简单的"保存"植物现状，而是要通过科学的方法，保护植物的生存、繁殖和进化能力，争取达到植物在迁入地构成植物群落，通过稳定发挥生态系统功能达到自我维持，减少对人为管护的依赖。

在自然界中，任何物种都不是孤立存在的，而是和许多其他的物种保持着千丝万缕的关系。这种关系，保证了物种的生存，也

图 8-15　西双版纳植物园（蒋志刚摄）

使物种、种群、群落乃至整个生态系统的结构和功能得以维持。在濒危植物的迁地保护中，就不能不考虑物种间的这种相互关系，例如植物和其传媒昆虫的协同进化关系就是其中之一。切断了这种关系，不用说功能的维持，可能迁地保护对象的成活都成问题。

濒危植物迁地保护的最小存活种群问题　濒危植物迁地保护中要引入多大的种群，才能保证濒危植物的正常生存？由于不同植物种特性和要求的差异，最小存活种群问题一直是保护生物学讨论的热点。中国科学院西双版纳植物园许再富1990年根据植物的不同繁殖系统所具有的不同遗传效果、植物的生活型和植物园的资源等，在国际会议上发表了《植物园的稀有濒危植物迁地保护的若干对策》一文，提出了一个植物园保护植物种群大小的经验公式：

$$P_n = L_f \times E_e \times A_{ui}$$

式中：P_n 为应保护的最小种群；L_f 为该物种所属的生活型所要求的保护株数，如乔木种类10～20株，灌木40～50株，而草本100～200株；E_e 为经鉴别的生态类型或遗传类型的数量；而 A_m 则为该物种的繁殖系统，初步确定为雌雄同株植物不论是自花或异花授粉均为1.2，雌雄异株植物为1.0，而无融合生殖种类为0.8。这一方法已被一些植物园所采用。

迁地保护对象在植物园中的管理问题 为了成功实现濒危植物的迁地保护，将植物移入植物园后，必须对植物进行细致的抚育和管理。由于植物园的植物通常为集中种植，种类组成也相对单一，病虫害爆发时危害大，植物园必须采取有效的监控、预防和处理手段，否则在保护过程中所有的努力都可能会毁于一旦，造成不可挽回的损失。另外，对濒危植物实施迁地保护之后应该进行长期监控，了解保护对象在迁地保护后是否发生了形态、性状、生理、遗传等方面的变化，并尽可能地采取行之有效的方法保证植物的质量和功能。

在植物园内建立物种数据库，也是实现植物园高效管理的一项重要手段。这个数据库应该包括物种的科学分类、物种重要性及价值分析、物种生物学、生态学特性记录、迁地保护后生长、繁殖情况等相关方面的信息，从而为濒危植物迁地保护的长期研究提供资料来源，也利于不同植物园之间以及不同机构和部门之间的信息共享和交流。

活植物迁地保护成功的评价 濒危植物迁地保护的成功评价应是综合性的，既有起码的标准，也有高标准（许再富，1998）：

从种子到种子。即从第一代种子到下一代种子，是评价稀有、濒危植物迁地保护是否成功的起码标准。它要求迁地保护的植物生长正常、能开花结果和通过有性繁殖的方式繁衍后代（属于自然克隆的种类除外）。因而对其评价，至少要在植物能繁殖第二代的幼苗时才能进行。

遗传代表性。因为对物种的保护必须维持物种的遗传完整性。代表性指对某一居群的采样所取的样品必须代表那个居群的遗传多样性。采样进行迁地保护的植物是否包含了该物种的所有遗传基因类型，这是濒危植物迁地保护的成功的高标准。

稀有、濒危植物迁地保护是一个相当长的时间（一般长达50~100年），其目标是要能维持物种的原有遗传性。一个植物居群经迁地保护后应能维持该居群的基因频率，不会因选择而出现遗传基因的流失。因而，对其评价必须在迁地保护的植物经过若干代繁殖后，而且必须采用一定的测试方法（如形态比较、细胞检测、同工酶测试或DNA分析等）去鉴别。

由以上的评价标准可以看出，植物的迁地保护是一个长期的工程，对它的评价必须严谨、客观。我们经常都能看到关于某种濒危物种短期内迁地保护获得成功的报道，这样的消息虽然令人鼓舞，但却经不住仔细推敲。

植物种子和组织的迁地保护 种子和组织的迁地保护主要指濒危植物种子库的建立和组织培养。

种子库。指通过低温技术来保存植物种子，一定年限后对种子

图 8-16 兰花的组织培养育苗和栽培（蒋志刚摄）

进行复种，再收集种子进行保存的过程。目前许多国家都建有自己的种子库，最主要是粮食作物种子库。

组织培养。组织培养是一种濒危植物迁地保护方法。利用细胞的全能性原理，对植物进行组织培养（图8-16）。由于组织培养的植物遗传基因的不稳定性，这种方法的运用受到一定的限制。

基因文库保存法。随着分子生物学和基因技术的发展，通过建立基因文库保存优良基因的方法也迅速发展起来，但是这是一个昂贵的工程，对技术要求高，应用范围有限。

因此，综合考虑各方面的因素，植物园仍是濒危植物最主要的迁地保护途径。

(2) 濒危动物的迁地保护

动物和植物最大的区别就在于动物具有很强的移动性，加之其

图 8-17　北京海洋馆的中华鲟（蒋志刚摄）

繁殖行为复杂，使得濒危动物的迁地保护比植物更具难度。濒危动物迁地保护的主要机构是动物园和野生动物繁育中心（图8-17）。

动物园　动物园既是动物学的重要研究基地，也是对一些珍贵、稀有、濒危动物实行迁地保护的重要场所。同时，也是普及科学知识，提高公众保护意识的主要阵地。根据IUCN的最新调查资料，世界动物园的总数已超过1万个，每年的参观游览者达6亿之多。中国已经建立了动物园177个，其中包括大型公园的园中园。鉴于动物区别于植物的生物学和生态学特性，动物园的建设和管理，除了需要解决和植物园一样的最小种群等问题外，还有许多需要考虑的方面：

其一，动物的引种是一个复杂的过程，包括动物的捕捉、检疫、运输等一系列的环节。捕捉野生动物应针对不同的动物种类采用不同的方式。除捕捉动物时力求防止动物受伤外，还应避免对动物的精神伤害。野生动物胆小易惊，受到惊扰时，动物高度紧张，内分泌失调，影响个体的摄食、消化、呼吸等正常生理活动，甚至造成个体死亡。对于新捕捉的动物，应对其进行寄生虫、传染病等多方面的检疫，便于发现病情及时治疗。物种引进时，应根据引种的目的和繁殖生物学特性，合理引入雌雄个体及成幼体的比例。引种前还应了解生物学特性和生态学特性，如食性、栖息地、天敌等。另外，还应考虑该物种对人类生活和自然群落有何影响，引种不当，会导致引种对象在当地的灭绝（白秀娟和邹红菲，1997）。

其二，动物的饲养和繁殖。由于动物食性的不同，不同的种类需要不同的喂养方法和食物搭配，如何让迁地保护的物种在动物园里吃饱吃好，不是一个简单的问题。而且，迁地保护之后，由于条件的限制，野生动物的活动空间受到限制，严重影响了它们的行为能力。随着时间的推移，许多动物适应了圈养生活，发生了行为学上的改变，一些野外生存的基本技能也不断丧失，比如捕食和逃避捕食者，都不利这些个体将来的野外放归工作。

繁殖问题一直是濒危动物迁地保护中的一个难点。不少物种在迁地保护后繁殖能力退化，例如一些圈养的大熊猫就丧失了交配能力。另外，由于圈养种群数量有限，不少动物在迁地保护后多为近亲繁殖，近交衰退情况十分严重。目前，许多动物园开始加强彼此间的物种交换和交流，以减少近亲繁殖造成的不良后果。

其三，动物园的维持。动物园的维持经费要比植物园高得多，参观游览者的门票收入是动物园的主要经济来源之一。一些动物园成了单纯的动物展览馆，忽视了动物学方面的研究和动物的福利。如何加强动物园的科学研究及濒危动物保护职能，是一个亟待解决的问题。

野生动物繁育中心　由于种群数量过低，一些濒危动物种群在自然环境中丧失了种群自我维持能力，如果没有人类的帮助，这些物种将在地球上完全消失，如朱鹮、野马、扬子鳄等。为了挽救这些动物，使它们重新获得野外生存能力，人们建立了专门的野生动物繁育中心，利用现代科学技术帮助它们进行种群增值。通过人工繁育野生动物，可以达到两个目的：一是补充原有野生种群数量的不足，称为再加强或补充；二是在物种已灭绝的地区重新建立野生种群，即重引入（蒋志刚，2004）。和动物园相比，野生动物繁育中心更偏重于濒危动物行为、生理学的研究，野生动物的回归工作的研究是其工作的重心。野生动物回归自然不是简单的将迁地保护对象投放到释放地，而是一件相当复杂和繁琐的工作，需要不断的研究和尝试。主要可以分为释放前的准备阶段、释放阶段和释放后的监测阶段。其中包括对释放对象的研究、释放地的考察、释放最佳时间的选择、释放工作的实施、后期疾病、行为的监测等等多方面的工作。任何一个缓环节的失误，都会导致整个放归自然计划的失败。

除了动物园和野生动物繁育中心以外，水族馆等相关机构都是濒危动物迁地保护的场所，各自在濒危动物的迁地保护过程中发挥着重要的作用。

五、迁地保护基地

《中国生物多样性保护行动计划》确定了"保护作物和家畜的遗传资源"的目标。《中国21世纪议程》（1994）提出的目标包括：建立和完善全国珍稀濒危动植物迁地保护网络，保护遗传资源；加强农用植物种质资源的考察收集、保存和作物繁育工作。

《国务院办公厅关于加强生物物种资源保护和管理的通知》对生物物种资源（含生物遗传资源）调查、编目、保护利用规划、基础能力建设等作出了规定。

国家对濒危动植物的迁地保护投入了大量的人力和物力，经过努力，迁地保护工作取得了一定的成果。2005年《中国履行〈生物多样性公约〉第三次国家报告》（国家环境保护总局，2005）总结了我国动植物迁地保护的成果。

1. 迁地保护的基地建设

(1) 植物园和野生植物繁育基地建设

目前全国有植物园、树木园近300家，还有众多珍稀植物苗圃、种源基地和繁育基地。

中国科学院计划投资0.363亿美元，与全国140多个植物园联手，共同保护中国本土的3万多种高等植物资源；计划在15年内，将中国科学院所属12个植物园保护的植物种类从13 000种增加到21 000种。规划中的秦岭植物园总面积将达458平方千米，比目前世界上最大植物园大4倍。

(2) 动物园和野生动物繁育基地建设

据全国陆生野生动物调查，全国共有18 238个野生动物饲养单位，其中有77个救护中心，17 837家饲养场，177个动物园（包括公园中的动物园），17个野生动物园，130个马戏团。在成都、梧州、沈阳、武汉、重庆、上海还分别建立了大熊猫、黑叶猴、鹤类、金丝猴、华南虎、扭角羚繁殖基地。为保护濒危物种藏羚羊，国家将投资350.92多万美元在西藏拉萨市当雄县和那曲地区双湖特别行政区噶措乡建立藏羚羊人工繁育研究中心和藏羚羊放养基地。自2001年野生动植物保护及自然保护区建设工程启动后，中国拯救繁育珍稀濒危物种的工作得以极大拓展，新建野生动物拯救繁育基地18处，野生植物培育基地6处，以及数十个动植物种质资源库。

(3) 农作物种质基因库

通过数十年作物种质资源的征集、考察收集和国外引种，中国已建成了现代化作物遗传资源长期库、中期库、复份库和种质圃相配套的安全保存设施，拥有作物种质资源近38万份；在全国各地建立了各具特色的家养动物地方品种资源场和国家级重点种畜禽场，保存各种家养动物576个品种。中国还计划建设一个农作物种质资源保存和DNA库、7个种质资源繁殖更新基地、5个种质资源保存中期库和78个畜禽品种资源场（基因库）。

(4) 野生种质资源离体保藏

中国科学院已于1996年建立了主要针对野生种质资源保存的植物、动物和微生物种质库。微生物种质库由中国科学院典型培养物保藏委员会管理。该委员会下设11个库，共收集各种培养物的物种数为6316种（株），数量为21 644，包括菌株15 929株、细胞350株、基因及基因元件2274个、野生动物细胞504株、病毒880株、植物离体种质300种、淡水藻类250株、海洋藻类381种、珍稀濒危植物种质755份、人类遗传资源细胞株21份。

国家重大科学工程项目"中国西南野生生物种质资源库"于2004年启动，该资源库将收集保存云南省及周边地区和青藏高原的种质资源，以植物种质资源为主，兼顾动物和微生物种质资源。建成后的中国西南野生生物种质资源库包括种子库、植物离体种质库、DNA库、微生物种子库、动物种质库、信息中心和植物种质资源圃，将收集保存1.9万种19万份(株)种质资源。

六、迁地保护的成效

1. 植物迁地保护

以迁地保护为主要栽培目的的珍稀植物物种有113种，其中国家Ⅰ级保护物种31种，国家Ⅱ级保护物种82种。现有栽培总面积约134.82万公顷，栽培总数量约34.01亿株。其中国家Ⅰ级保护物种的栽培规模为15.24万公顷，4.20亿株；国家Ⅱ级保护物种栽培规模为119.58万公顷，29.81亿株。其中迁地保护栽培个体数量不少于100株，即符合《林木种质资源保存原则与方法》（GB/T14072—93）标准的物种，共56种；迁地保存株数小于100株的种类有57种。红豆杉、兰科植物、苏铁等保护植物种群不断扩大，红豆杉栽培面积已达近5000公顷，有上千种珍稀濒危野生植物在植物园、树木园等培育基地得到良好保护。

中国已建立了国家种质资源保存长期库、复份库各1座，分作物、分地区的中期库25座，保存着35科192属740个种的33万多份作物种质资源，并在全国不同生态区建立了32个多年生和无性繁殖作物种质圃和2个试管苗库，保存1193个物种的4万多份多年生和无性繁殖作物种质资源。

2. 动物迁地保护

全国野生动物饲养繁殖场中共养殖两栖动物约5亿多只（条）、爬行动物138万只（条）、鸟类250万只、兽类97.5万只。两栖动物中饲养数量最多的是中国林蛙，约5亿只；鸟类中饲养数量最多的是雉鸡，约92万只；兽类中饲养数量最多的是蓝狐，约36万只，其次是梅花鹿约18.7万只，水貂约13.2万只。

动物园和野生动物园共饲养284种33万只（头）野生动物，其中两栖爬行类41种，鸟类139种，兽类104种。特别是采取措施促使大熊猫、朱鹮、扬子鳄等极度濒危的野生动物种群不断扩大，全国共从野外抢救大熊猫224只次，人工繁殖240胎，220只，成活约70只，现有人工繁育大熊猫总数已达117只；朱鹮从1981年发现时的7只发展到目前野外种群和人工繁育种群共计560只；扬子鳄从200多条发展到1万多条，年繁殖能力1000~2000条；广西特有的白头叶猴种群数量20世纪末已减少到约400只，通过保护已增加到约600只；黑颈长尾雉目前已成功地进行了人工繁育和回归野外试验，野外种群数量逐步增加。

中国有200多种珍稀濒危野生动物已建立了稳定的人工繁育种群。中国已成功使麋鹿、野马、高鼻羚羊重返故里进行繁育，通过野化训练成功实现了野外的繁育生存。大熊猫、朱鹮、扬子鳄、华南虎等也在进行野化试验。20年来，中国一直人工繁殖放流中华鲟。

虎是自然生态系统中顶级肉食动物，是文化图腾之一，虎骨曾经是重要的中药。中国1983年加入国际《濒危野生动植物种国际贸易公约》（CITES）之后，开始禁止虎的国际贸易。为了保护野生虎，1993年我国政府全面禁止了国内虎骨入药及其贸易，虎骨从中国药典中删除。随后，中国启动虎野生种群保护、人工繁育研究，开展了虎的保护执法、公众教育，开展了虎保护的国际合作交流，取得了显著的成绩。

20世纪80年代，中国开始虎的保护繁育。解决了有关虎的繁殖、育幼、营养、疾病等问题，建立了稳定繁殖种群，虎在圈养条件下一胎普遍2～3仔，繁殖存活率达90%以上。目前，横道河子猫科动物繁育中心虎种群发展到800只，桂林雄森熊虎山庄虎种群发展到1300只（图8-18）。2006年底，全国人工养殖虎的数量达5000多只。据估计，中国圈养虎的年繁殖能力达1000只以上。

1989年，《中华人民共和国野生动物保护法》实施以来，中国所有的驯养繁殖虎的项目都经过了可行性论著和科学评审，有国家野生动物主管部门核发的驯养繁殖许可证。2006年开始，中国对圈养虎开始实施虎活体微芯片标记，建立互联网虎管理信息系统，强化人工养殖虎的规范管理。同时着手采取圈养虎基因样本保存，以查明、建立中国圈养虎谱系，优化圈养虎的繁育方案。在国家林业局的领导下，开始筹划实施华南虎放归自然的工程。

基于我国人工繁育虎所取得的成效，不断有国内外专家和团体提出建议启用人工繁育所获的虎骨入药，但是，也有一些国际非政府组织表示反对。为了探讨当前形势下的虎保护策略，2007年7月1日至7月7日，国家林业局组织在桂林、哈尔滨、北京组织召开了

图 8-18　桂林雄森熊虎山庄养殖的东北虎（蒋志刚摄）

"虎保护策略国际研讨会"。在研讨会上，代表们就虎的现状、保护执法、圈养虎的前景、虎骨入药历史及特殊功效、虎保护的内在问题和困难、虎的监测与虎贸易控制、野生动物保护的社会经济影响、贸易是否有助于虎的就地保护等问题充分交换了意见，开展了自由讨论。

人们对虎的保护与人工养殖有如下问题与思考：

经过5~6个世代的人工繁殖，中国在横道河子、桂林等地已建立虎繁殖群体，这些虎群体的遗传组成较野生祖先一致，繁殖不需要补充野外血缘，有一定的种群数量。已经符合CITES公约人工繁殖附录Ⅰ物种的条件。CITES公约规定人工繁殖的第2代以上的附录Ⅰ物种，可以开展国际贸易。而人工驯养的虎是不是CITES公约人工繁殖附录Ⅰ物种的一个例外？应不应该成为一个例外？

从2004年开始，一方面，出现了反对人工圈养虎的声音。另一方面，要求以科学的态度对待人工圈养虎问题的声音也越来越大。虎分布国的态度也在变化，一些国家希望从中国学习人工驯养繁殖虎的技术。最近，有人提出要关闭人工圈养虎项目。

学术界一个流行看法是并非所有的野生动物都适宜人工驯化养殖。因为有些野生动物需要特殊的食物、在圈养状态下不能发情交配繁殖。从目前人工养殖的虎来看，这些虎已经适应了人工养殖环境，适应人工食物，能在圈养状态下繁殖。此外，有些野生动物的行为不会驯化。有些野生动物即使圈养也有领域行为，例如马麝。圈养虎的行为发生了变异，俗话说"一山不容二虎"，而桂林熊虎山庄、东北虎林园的虎已经适应群居。

学术界另一个流行看法是并非所有的人工繁殖的野生动物都能放归自然。常常人工繁殖的草食动物的放归较人工繁殖的肉食动物容易成功，有群居习性的动物较有领域行为的动物容易成功。那么，人工养殖虎能否放归自然？如果能，往哪里放？虎的野化放归面临着寻找合适放归地点的困难。如何恢复人工养殖虎野外生存能力？如果不能，这些虎会不会长期在人工养殖的环境中长期生活下去？

人工养殖虎是人类驯化野生动物过程的继续。如果继续规模化养殖虎，其遗传组成将进一步纯化，行为进一步发生变异（图8-19）。这些人工养殖虎将逐步与自然界的野生虎脱离联系，长此

图 8-19　人工养殖的虎已经适应群居生活 （蒋志刚摄）

以往，"此虎非彼虎也"。未来我们会不会获得驯化虎（*Panthera trigris domestica*）？

　　CITES公约前秘书长尤金·拉庞博士在虎保护策略国际研讨会上，回顾了贸易禁令实施以来野生虎的状况，他质疑贸易禁令对野生虎保护的作用。来自新西兰的布兰登·姆勒也质疑贸易禁令是否对阻止虎的偷猎起到效果。澳大利亚专家坚肯斯博士指出虎的保护需要新的途径。马建章院士提出了"以虎养虎、借虎生虎"的主张。作者认为中国圈养虎已经形成封闭繁育的群体，在人工饲养条件下，圈养虎走向了一条与野生虎不同的进化路径，中国虎保护需要新策略。

　　在研究濒危动植物的迁地保护过程中，我国学者发表了不少论文和专著，这些成果促进了濒危动植物迁地保护的发展。

七、野马放归

　　普氏野马从19世纪起一直处于人类的照看之下。人类为这些野马提供食物和饮水，提供躲避风寒雨雪的棚舍；人们为野马注射疫苗，为生病的野马治疗；人们安排野马配种繁殖，甚至人工将这些野马运输到为它们选定的新"家园"。当物种在野生状态下即将灭绝时，人工圈养提供了最后一套保存濒危动物的方案。

人们十分重视保护普氏野马。由于野马保存许多与家马不同的基因，为了恢复野生野马，各国已经开展了广泛的国际合作。1963年，国际上成立了世界性的野马专业工作组，1978年建立了野马基金会，提出在新疆准噶尔盆地放养普氏野马的建议。为了解决圈养野马种群退化的危机，人们曾寄希望于寻找自然界中残存的普氏野马。中国科学院等单位在1974年、1981年和1982年先后组织考察队，深入到准噶尔荒漠、乌伦古河、卡拉麦里山、北塔山等野马产地考察，并结合航空调查，寻找野马，结果令人失望。现在大多数人认为自然界的野马已经灭绝，即使自然界还有残存的野马，这些野马的数量也非常少，不能形成可生存种群，不足以保证野马作为一个物种的生存。

经过近20年的环境保护宣传，野生动物和生态环境保护已经深入人心。野马是戈壁荒漠的标志动物。21世纪的中国将目光投向了中国西部，那神秘和洪荒景色令人神往。西部开发令人振奋，同时西部的环境问题同样令人关注。于是，野马在准噶尔盆地的回归大自然牵动了亿万人的心。

这次野马放归自然，经过了长时期的准备和论证。普氏野马放归自然，首先遇到的困难是普氏野马已经丧失了在野外生存的能力。经过100多年的人工饲养，野马的野性已经逐渐退化。今天的普氏野马已经不是原来的普氏野马了，它们的生存几乎完全依赖于人类。普氏野马的体型变了，腿粗了，身体肥胖了。这些圈养的普氏野马甚至乐于和人亲近。在卡拉麦里，野马将面临天敌的攻击。野马要生存，必须自己寻找水源和食物。在冬天，成千上万的牲畜和成群的野驴还会与野马竞争食物。动物学家谷景和曾预言：野马要完全脱离围栏，真正走向大自然和戈壁滩，最乐观的估计也要十几年。普氏野马放归自然有可能失败。我们将人工繁殖的野马放归大自然，也是一项科学实验。

在国外，人们已经开展了多次人工繁殖濒危动物放归自然的实验，但是，这些实验成功的比例不高。有人曾总结了野生动物放归大自然的经验，发现通常重新释放野外捕获的个体较野放人工哺育个体容易成功；在濒危物种的核心分布区释放人工圈养个体要较在这些物种的分布区边缘释放容易成功；发现建立具有经济价值的野生动物种群要较珍稀动物种群容易成功；野放草食动物较野放肉食动物容易成功。

我国1998年在江苏大丰的海滨滩涂将一小群麋鹿放归自然，这群麋鹿在海滨滩涂生存下来，并繁殖了一只小麋鹿。这次小规模实验为21世纪的大规模麋鹿野放取得了经验。普氏野马回归大自然是一条必由之路。野马回归自然是一项科学实验，野马回归大自然后将面对狼等天敌，还有雪灾、大风等自然灾害。尽管有的野马由于种种原因而被自然淘汰，但是，我们实行的是一种软释放策略，即在自然界食物稀少时，为野马提供食物和饮水，而不是将野马驱赶到荒地里不闻不问。

马与人类有着不解的缘分。人类驯养了马，培养出如今世界上许许多多的马的品种，同时，人类的狩猎造成了北美洲野马的绝灭，人为干扰也是普氏野马消失的主要原因。因此，野马放野后，最重要的是呼吁人类的保护意识。我们期待在21世纪成群的普氏野马成为准噶尔盆地古尔班通古特沙漠中一道新的风景线。

2001年8月28日，27匹野马放归卡拉麦里有蹄类动物自然保护区。2002年秋天，我们曾考察了野放后的普氏野马。从乌鲁木齐经

图8-20　在野外出生的小马驹，紧紧地依偎在母亲的身旁（蒋志刚摄）

阜康到卡拉麦里自然保护区，出阜康后，除了油井，没有什么人烟。在途中，我们看见了鹅喉羚、蒙古野驴。在离卡拉麦里自然保护区20多千米的地方，我们看到了2000年野放的那一群野马的母子群，共16匹，其中有4匹马驹（图8-20）。

216国道由北向南穿过卡拉麦里有蹄类自然保护区。由于微地形的影响，公路两侧的植物返青早，枯萎晚。野放初期，野马害怕横穿公路，几年后，现在野放的野马已经习惯横穿公路。它们喜欢在公路两侧活动。目前，216国道是北疆主要的交通干线，繁忙时，每天有上千辆汽车通过216国道。这些高速行驶的汽车对野马构成了潜在的威胁，野马也可能威胁行车的安全。2007年8月，在卡拉麦里有蹄类自然保护区的国道上两匹野马被卡车撞死。9月份，又有一匹野马被卡车撞死。野放野马的安全引起了人们的注意。如何在野马经常出没的路段设置交通警示牌，提醒司机注意穿越公路的野马；如何沿216国道设置栏杆，限制野马的穿越公路的路段，这些问题都值得我们研究。穿越自然保护区的公路交通安全是中国公路交通安全的新问题。

八、制约因素与努力方向

1. 中国濒危物种迁地保护的制约因素

(1) 迁地保护设施不足。主要分布在一些大城市和高校、研究机构，发展不平衡，资源保存也比较分散，收集保存不集中。

(2) 研究能力不足。除几个特大城市的植物园和动物园开展了一些珍稀濒危动植物的人工繁育外，绝大部分城市植物园和动物园没有将科学研究列为主要工作，研究能力不足。

(3) 资金投入少。中国地大物博，生物多样性非常丰富，生物多样性的迁地保护是一项长期而耗资巨大的工程，目前中国的财力状况还不能完全满足这项工作的需要，资金问题仍然是困扰迁地保护的主要瓶颈。

(4) 对公众教育的作用认识不够。对植物园、动物园、种质资源库等的投入有限，宣传教育配套设施严重不足，限制了公众接受生物多样性科普教育的机会。

(5) 实施栽培和驯养生物回归野外的能力低 。一些珍稀濒危物种在植物园、动物园或引种繁育基地经人工繁育，扩大了种群数量，需要将它们放归野生，回归自然，达到真正保护物种的目的。

2. 中国濒危物种迁地保护的努力方向

为了实现60%的受威胁植物物种保存在能方便获取的迁地保护设施中，且10%被纳入恢复和重建规划中的目标，中国计划逐步将中国产的所有维管植物种类保存在不同地域的植物园中。

中国采取了以下几种措施：①加大投入，增加植物园和动物园的数量，尤其是在一些受威胁植物原产地附近建立植物园，使它们得到更好地保护；②通过各种渠道收集受威胁的动植物或其他具有重要经济价值的动植物；③加强研究工作，尤其对这些动植物的繁殖特性进行研究，尽快找到大量繁殖的途径。

中国是生物多样性最丰富的国家之一，也是生物多样性丧失最严重的地区之一。世界上一般估计10%的植物处于濒危状态，而中国濒危植物种比例估计高达植物总数的15%～20%，濒危物种数达4000～5000种。生物群落方面的研究表明，一个物种的消失，常常导致10～30种物种的生存危机。这样算来，中国4000～5000种濒危植物影响着上万个其他物种的生存。它们的生存危机可能造成物种灭绝的"骨牌效应"。假如我们能够保护好这些濒危物种，虽不能保证和它们相关联的物种的生存，但至少这些关联物种获得了更多的生存机会。由此可见，濒危物种的保护工作对生物多样性整体保护是多么的重要。中国濒危动植物的迁地保护虽已获得了许多喜人的成绩，但是还是存在许多空白和缺点，在某些方面与国外迁地保护工作仍就存在差距，我们还需更加努力。

我们通过迁地保护为濒危动植物换了一个生存环境，但这毕竟只是濒危物种保护的一个辅助策略，长远来看，必须将迁地保护和就地保护等多种保护手段相结合，以实现物种的长期保护目标。我们期待着有那么一天，这些受保护的濒危动植物能够重返它们自己的家园，在大自然中生存、繁殖。

第九章　物种克隆

20世纪以后，生物技术领域取得了长足的进展。我们已经完成了人类基因组的测序，完成了动物的体细胞克隆。那么，我们能否利用克隆技术来克隆那些数量稀少的濒危动植物呢？

一、克隆技术

克隆(clone)指生物细胞以无性的方式重复分裂或繁殖所产生的遗传物质结构完全相同的个体。其实，人们对克隆并不陌生。微生物、植物中无性繁殖是常见的生命现象。克隆是植物繁殖的方式之一，如植物可以插条繁殖，又如可以在实验室里利用试管培养技术，可以用胡萝卜根茎的一个细胞培养成一株完整的胡萝卜植株。生物技术公司即是利用这种方法大量繁殖兰花。这种现象，我们称之为植物的细胞仍具有发育遗传全能性。那么，高等动物的细胞是否也存在这种全能性呢？这正是发育生物学家近一个世纪以来苦苦探索的问题。

高等动物的精子与卵子结合，成为受精卵。受精卵开始卵裂，一分为二，二分为四，逐步发育成为胚胎。人们发现，在胚胎发育的早期，高等动物的胚胎细胞仍存在全能性。例如，利用胚胎早期发育阶段胚胎细胞的全能性，人们从子宫中取出处于早期发育阶段的胚胎，利用机械或化学的方法将胚胎分为多个小块，然后将这些胚胎碎块分别置于不同的动物子宫中妊娠，这些胚胎碎块会发育成完整的胚胎。利用这一技术人们可以迅速扩增优秀的动物基因。我国遗传学家将初级胚胎分解成为单个细胞，然后将这些细胞的核移植到受精卵中，这样可以在一代中，将优良家畜个体复制成数十个。我国在胚胎分割领域中的研究居世界领先地位。

从20世纪30年代起，世界各国的科学家掌握了细胞核移植技术，成功地在两栖动物和鱼类中将受精卵或胚胎的细胞核移植并成功繁殖。但是，科学家们不知道，胚胎发育成为胎儿、长成个体后，个体身上的单个体细胞是否仍具有发育成完整个体的遗传全能性。一般认为在胚胎发育过程中，动物体细胞的遗传物质发生了不可逆变化，丧失了全能性。但是，1986年中国科学院水生生物研究所研究人员曾利用成年鱼的肾细胞核克隆成功鱼。

二、克隆动物

　　1997年2月27日，《自然》杂志刊出了一篇文章，宣布在英国的罗斯林研究所伊恩·威尔莫特博士和基思·坎贝尔博士领导的研究组已经成功地利用成年雌性绵羊的乳腺细胞克隆了一头雌性绵羊。这项研究成果轰动了世界，被认为是一项可以与制造原子弹相提并论的重大技术突破，是20世纪生物学最重大的成就，而就其生物学意义而言，证实了成年动物体细胞仍具有发育成完整个体的遗传全能性。

　　这项工作的过程是这样的：研究人员首先利用生殖激素促使一头绵羊超数排卵，从绵羊的输卵管中将卵泡冲出，取出卵的核，使卵泡成为一个具有细胞质而无细胞核的活性卵泡，然后，研究人员从另一头绵羊的乳腺中取出乳腺细胞，利用电刺激将乳腺细胞和没有遗传物质的卵泡结合。这一卵泡在试管中开始细胞分裂，形成胚胎并开始发育。这时研究人员将胚胎移植到第三只绵羊的子宫中妊娠直至分娩。这样名为"多莉"的克隆羊诞生了。尽管克隆羊的成功率很低，在247个胚胎中只有一个胚胎发育成功，但是，克隆动物具有划时代的意义。它揭开了高等动物能够从组织细胞复制遗传结构完全相同的个体序幕。这项技术应称为体细胞核克隆技术，以区别于其他的克隆技术。

　　这一生物工程技术有着重大的应用前景。在动物养殖业中，利用体细胞核克隆动物将大量繁殖优秀的动物个体，而不用担心优秀个体的遗传物质在繁育过程中会被其他个体的遗传物质混杂。人工繁育珍稀濒危动物时，应用体细胞核克隆技术将能够复制那些繁殖力低的珍稀濒危动物。现在人们能够对染色体上的基因进行定位，能够用类似外科手术的方法将染色体中的有害基因去掉，也可以人为制造基因缺陷，这种技术称作"基因敲除技术"。更诱人的前景是如果将体细胞核克隆技术和基因敲除技术结合起来，既可以克隆那些剔除了遗传疾病又保持优秀性状的新的动物个体，还可以无性复制那些人工制造遗传缺陷的实验动物，这些实验动物可以作为药学、医学和遗传学实验模型。

在看到体细胞核克隆繁殖动物的前景的同时，我们应当看到这项技术应用到实践中仍有相当的距离。利用克隆技术繁殖珍稀濒危动物是人们首先想到的。但是，在克隆"多莉"的过程中，研究人员用了3只羊，一只提供空卵泡，一只提供乳腺细胞，另一只妊娠。由于实验的成功率低，实验动物群体很大。许多珍稀动物的数量相当有限，而事实上目前克隆羊的成功率不到百分之一，即使是成功的例子也是用3只绵羊克隆一只绵羊。如果利用3只雌性大熊猫仅仅繁殖成功一只大熊猫的话，那不算是成功的保护繁育。且不论将从一种动物取得的成功经验要应用到完全不同的动物身上，成功的概率有多大。

应用体细胞核克隆繁殖动物时，由于克隆动物是像复印一样，完全复制动物的遗传信息，所以克隆动物具有与亲代完全一样的遗传结构。这样，即使可能克隆一些珍稀濒危动物的个体，但是这些物种的遗传多样性并没有增加。而物种的遗传多样性决定了物种的生存能力，决定了物种适应复杂多变的自然环境的潜力。作为动物成功保育的前提是在进化的状态下保存物种的生存能力，这要求保存和丰富物种的遗传多样性。而目前物种的遗传多样性离不开有性繁殖。在进化中，有性繁殖之所以产生，是因为动物通过有性过程交换遗传物质，从而，提高了动物适应环境的能力。克隆羊的诞生仍是划时代性科学事件，其理论意义重大，但是，体细胞核克隆技术应用于珍稀濒危动物的繁殖实践尚有相当的距离。所以，当我们在实验室重塑一个物种的潜力时，我们应当重视在自然界保存物种的进化潜力。

人类脱胎于动物界。仅仅几千年的时间，相对于野生动物，人类已经变得无比强大。人类改造自然的能力仍在加速地增强。然而，人类的生物学属性没有改变。我们的生存仍需要野生动植物资源。野生动植物的基因资源是人类的宝贵自然遗产。人类生存与野生动物生存的环境要求一致，如果社会生产力的发展危害了野生动植物的生存，必将危害人类的自身生存。于是，我们进入了一个呼唤法制和理性的时代。

由于野生动植物的特征，野生动植物在未来世代中，将一方面将作为资源，另一方面将作为塑造自然生态环境的要素。人类社会的过去、现在和将来都离不开野生动植物资源。对野生动植物资源的有效管理，包括界定野生动植物资源的所有权，定期普查野生动植物资源，对珍稀濒危物种实施人工保护，建立自然保护区，以及在保护国土资源的同时，保护物种资源。持续利用与深层开发是未来野生动植物资源开发的方向。通过深加工，可以充分利用野生动植物资源。应用高新技术，进行野生动植物产品附加增值，开创新的产业，增加就业机会。

新世纪，当人类由生物圈中的一个普通的生物种上升为生物圈中举足轻重的角色时，我们应当如何协调人与自然的关系？文明的浪潮正在将许多发达国家推向信息社会，也将许多欠发达国家带入工业社会。这意味着世界需要更多的资源。我们必须清醒地看到未来社会将建立在可更新的能源，可更新的自然资源之上，奠基于对自然资源，包括野生动植物资源的有效管理、深层开发和持续利用之上。

人类创造了文明，改造了地球，改变了人类与野生动植物共有的生态环境。野生动植物与人类唇齿相依，野生动植物的相继灭绝，标志着生态环境的变质。人类不能孤零零地生活在一个毫无生气的世界上。朋友，伸出你的手，让我们一道来拯救那众多的濒危野生动植物，共同保护地球的生态环境（图9-1）。

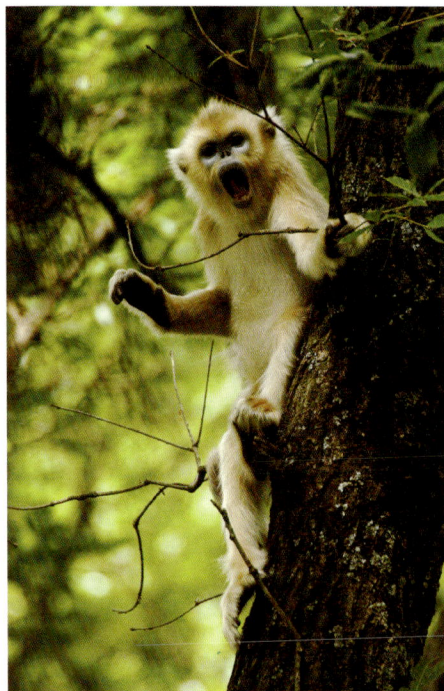

图9-1　金丝猴的呼唤（李言阔摄）

参考文献

Akçakaya H R, Ferson S, Burgman M A, Keith D A, Mace G M and Todd C A. 2000. Making consistent IUCN classifications under uncertainty. Conservation Biology, 14: 1001 – 1013.

Akçakaya H R and Ferson S. 2001. RAMAS Red List: Threatened Species Classifications under Uncertainty. Version 2.0. Applied Biomathematics, New York.

Anstey S. 1991. Wildlife Utilization in Liberia: Wildlife Survey Report. Gland, Switzerland: World Wildlife Fund and Liverian Forestry Development Authority.

Baillie J E M and Groombridge B (eds). 1996. 1996 IUCN Red List of Threatened Animals. IUCN, Gland, Switzeland and Combridge.

Baillie J E M Hilton – Taylor C and Stuart S N (eds). 2004. 2004 IUCN Red List of Threatened Species. A Global Assessment. IUCN, Gland. Switzeland and Combridge.

Bennett E L, Nyaoi A J and Sompud J. 2000. Saving Borneo' s bacon: the sustainability of hunting in Sarawak and Sabah. In J. G. Robinson and E. L. Bennett (eds.) Hunting for Sustainability in Tropical Forests. New York: Columbia University Press, 305 – 324.

Broad S T Mulliken and Roe D. 2003. The nature and extent of legal and illegal trade in wildlife. In Oldfield, S. (ed.) The Trade in Wildlife— Regulation for Conservation. London: Earthson Publication, 3 – 22.

Burgman M A, Keith D A and Walshe T V. 1999. Uncertainty in comparative risk analysis of threatened Australian plant species. Risk Analysis, 19: 585 – 598.

Camp W G and Daugherty T B. 1988. Managing Our Natural Resources. Delmar Publishers Inc.

Carson R. 2002. Silent Spring. Houghton Mifflin, New York.

Caughley G and Gunn A. 1996. Conservation Biology in Theory and Practice. Oxford: Blackwell Science.

Dobson A. 1998. Conservation and Biodiversity. New York: W. H. Freeman and Company.

Erwin T L. 1991. An evolutionary basis for conservation management. Science, 253:750 − 752.

Fitter R and Fitter M (eds). 1987. The Road to Extinction. IUCN, Gland, Switzerland.

Fox J L. 1994. Snow leopard conservation in the wild - a comprehensive perspective on a low density and highly fragmented population. 3 − 15// Proceedings of the Seventh International Snow Leopard Symposium. Editors J.L. Fox and Du Jizeng. July 25 − 20, 1992, Xining, Qinghai, China. International Snow Leopard Trust, Seattle.

Fu L (ed.). 1992. China Plant Red Data Book - Rare and Endangered Plants. Beijing & New York: Science Press, 741.

Gärdenfors U, Hilton-Taylor C, Mace G and Rodríguez J P. 2001. The application of IUCN Red List Criteria at regional levels. Conservation Biology, 15: 1206 − 1212.

Gaski A L. 1993. Species in Danger. Bluefin Tuna: An Examination of the International Trade with Emphasis on the Japanese Market. Cambridge: TRAFFIC International.

Groombridge B. 1992. Global Biodiversity: Status of the Earth's Living Resources. A report compiled by the World Conservation Monitoring Center.

Hilton-Taylor C. (compiler). 2000. 2000 IUCN Red List of Threatened Species. IUCN, Gland, Switzerland and Cambridge, UK.

http://wolfweb.unr.edu/homepage/fenimore/wilson/ Accessed Feburary 20, 2006

http://www.aboutdarwin.com/ Accessed Septmeber 19, 2006

http://www.answers.com/topic/carolus-linnaeus /Accessed Septmeber 15, 2006

http://www.blupete.com/Literature/Biographies/Science/Darwin. htm/ Accessed May 2, 2006

http://www.literature.org/authors/darwin-charles/the-origin-of-species/ Accessed Septmeber 23, 2006 http://www.literature.org/authors/darwin-charles/the-voyage-of-the-beagle/ Accessed Septmeber 2, 2006

http://www.saveamericasforests.org/wilson/bio.htm/ Accessed December 2, 2005

http://www.ucmp.berkeley.edu/history/linnaeus.html /Accessed Septmeber 15, 2006

Iqbal, M.1995. Trade Restrictions Affecting International Trade in Non-Wood Forest Products. Non-Wood Forest Products Series, Rome: Food and Agriculture Organization.

IUCN. 1997. IUCN Red List on Threatened Plants. Gland, Switzerland.

IUCN. 2000. Red List of Threatened Species. IUCN, Gland, Switzerland and Cambridge, UK.

IUCN. 2001. IUCN Red List Categories and Criteria : Version 3.1. IUCN Species Survival Commission. IUCN, Gland, Switzerland and Cambridge, UK.

IUCN. 2003. Guidelines for Application of IUCN Red List Criteria at Regional Levels: Version 3.0. IUCN Species Survival Commission. IUCN, Gland, Switzerland and Cambridge, UK.

IUCN. 2004. IUCN Red List of Threatened Species. A Global Species Assessment. IUCN, Gland, Switzerland and Cambridge, UK.

IUCN Environmental Law Center.1994. A Guide to the Convention on Biological Diversity. Environmental Policy and Law Paper No.30. IUCN, Gland, Switzerland.

IUCN. 1984. Categories, objectives and criteria for protected area. In J. A. McNeely and K. R. Miller (eds.), National Parks, Conservation and Development. Smithsonian Institution Press, Washington, D. C., 47 – 53.

IUCN. 1988. Red List of Threatened Animals. IUCN, Gland, Switzerland.

IUCN. 1994. IUCN Red List Categories. IUCN, Gland, Switzerland, 21.

IUCN. 1996 IUCN Red List of Threatened Animals. IUCN, GLande, Switzerland.

IUCN. 1993. Draft IUCN Red List Categories. IUCN, Gland, Switzerland.

IUCN.1996. Resolution 1.4. Species Survival Commission. Resolutions and IUCN, 1988. Red List of Threatened Animals. IUCN, Gland, Switzerland.

IUCN. 2002. IUCN Red List of Threatened Animals. IUCN, Gland, Switzerland.

IUCN/SSC Criteria Review Working Group. 1999. IUCN Red List Criteria review provisional report: draft of the proposed changes and recommendations. Species, 31 − 32: 43 − 57.

Jackson R and Hillard D. 1986. Tracking the elusive snow leopard. National Geographic Magazine, 169(6):793 − 809.

Jackson R M, Roe J D, Wangchuk R and Hunter D O. 2005. Surveying Snow Leopard Populations with Emphasis on Camera Trapping: A Handbook. The Snow Leopard Conservancy, Sonoma, California, 73.

Jiang Z, Meng Z and Wang J. 2002. Survey on Musk Trade in China. Endangered Species Scientific Commission of the People's Republic of China. Beijing.

Kala C P. 1993. Status and conservation of rare and endangered medicinal plants in the Indian trans-Himalayas. Biological Conservation, 93:371 − 379.

Lange D. 1998. Europe's Medicinal and Aromatic Plants: Their Use and Conservation. TRAFFIC International, Cambridge.

Lapointe E 著. 2004. 关爱地球野生资源. 陈克林等译. 北京：中国林业出版社.

Leader-Williams N. 1992. The World Trade in Rhino Horn: A Review. Cambridge: Traffic International.

Li Y and Li D. 1998. The dynamics of trade in live wildlife across the Guangxi border between China and Vietnam during 1993-1996 and its control strategies. Biodiversity and Conservation, 7: 895 – 914.

Lucas G & Synge H. 1978. The IUCN Plant Red Data Book. IUCN, Switzerland, 540.

Mace G M and Lande R. 1991. Assessing extinction threats: toward a re-evaluation of IUCN threatened species categories. Conservation Biology, 5: 148 – 157.

Mace G M and Stuart S N. 1994. Draft IUCN Red List Categories, Version 2.2. Species, 21 – 22: 13 – 24.

Mace G M, Collar N, Cooke J, Gaston K J, Ginsberg J R, Leader-Williams N, Maunder M and Milner-Gulland E J. 1992. The development of new criteria for listing species on the IUCN Red List. Species, 19: 16 – 22.

May R M. 1992. How many species inhabit the earth? Scientific American, 1992 (October): 42 – 48.

Mayr E. 1969. Principles of Systematic Zoology. McGraw-Hill, Inc. New York.

McCarthy T M and Chapron G. 2003. Snow Leopard Survival Strategy. International Snow Leopard Trust and Snow Leopard Network, Seattle, USA, 105.

Miliken T, Haywood M, Thomsen J B. 1993. The Decline of the Black Rhino in Zimbabwe: Implications for Future Rhino Conservation. Cambridge: TRAFFIC International.

Moulton M P, Sanderson J. 1999. Wildlife Issues in a Changing World (Second Edition). Lewis Publishers.

Naylor R L, Goldburg R L, Primavera J H, Kautsky N, Beverridge M C M, Clay J, Folke C, Lubchenco J, Mooney H, Troell Max. 2000. Effect of aquaculture on world fish supplies. Nature, 405: 1017 – 1024.

Nelson K and Sullivan T A. 1993. New criteria for listing species in the CITES appendices. Species, 15 – 17.

New T R. 1991. Butterfly Conservation.Oxford: Oxford University Press.

Novacek M. 2001. The Biodiversity Crisis. The New Press, New

York.

Oldfield S, Lusty C and MacKinven A. 1998. The World List of Threatened Trees. World Conservation Press, Cambridge.

Ostrom E. 1977. Collective Action and the Tragedy of the Commons. In Hardin G. and J. Baden (editors), Managing the Commons. San Francisco: W. H. Freeman & Co, 173 – 174.

Raven P H, Wilson E O.1992. A fifty-year plan for biodiversity surveys, Science, 285(13):1099 – 1100

Raven P H. 1993. Plants and people in the twenty-first century. Proceedings of XV International Botanical Congress. Yokohama, Japan.

Reeve R. 2002. Policing International Trade in Endangered Species, the CITES Treaty and Compliance. London: Earthscan.

Scotland R W and Wortley A H. 2003. How many species of seed plants are there? Taxon, 52: 101 – 104.

Soulé M E. 1985. What is conservation biology. BioScience, 35:727 – 734.

Sunquist M and Sunquist F. 2002. Cats of the World. Chicago: University of Chicago Press, 452.

Thorne R F. 2002. How many species of seed plants are there? Taxon, 51: 511.

Vaquez J C. 2003. Compliance and enforcement of CITES. In Oldfield, S.(ed.) The Trade in Wildlife—Regulation for Conservation. London: Earthson Publication, 63 – 69.

Watson R T, Heywood V H et al (eds.). 1995. Global Biodiversity Assessment. Cambridge: Cambridge University Press.

Wijnstekers W. 1990. The Evolution of CITES: A Reference to the Convention on International Trade in Endangered Species. CITES, Lausanne, Switerland.

Wijnstekers W. 2000. The Evolution of CITES: A Reference to the Convention on International Trade in Endangered Species. CITES, Lausanne, Switerland.

Wijnstekers W. 2002. The Evolution of CITES: A Reference to

the Convention on International Trade in Endangered Species. CITES, Lausanne, Switzerland.

Wilcove D S, Rothstein D and Dubow J et al. 1998. Quantifying threats to imperiled species in the United States. BioScience, 48: 607 – 615.

Wilson E O.1994. Naturalist. New York: Island Press.

Wilson E O. 1988. Biodiversity. National Academy Press, Washington.

World Conservation Monitoring Centre (WCMC). 1992. Global Biodiversity Status of the Earth, Living Resources. Chapman & Hall, London.

Zhou Z and Jiang Z. 2004. International trade status and crisis of snake species in China. Conservation Biology, 18: 1384 – 1396.

Zhou Z and Jiang Z. 2005. Identifying snake species threatened by economic exploitation and international trade in China. Biodiversity and Conservation, 14:3525 – 3536.

白秀娟, 邹红菲. 1997. 濒危野生动物的迁地保护. 野生动物, 2:3 – 5.

陈灵芝主编. 1993. 中国的生物多样性——现状及其保护对策. 北京: 科学出版社.

陈灵芝, 马克平主编. 2001.生物多样性科学: 原理与实践.上海: 上海科学技术出版社.

成克武, 臧润国. 2004.物种濒危状态等级评价概述. 生物多样性, 12(5):534 – 54.

崔光红, 黄璐琦. 药用植物濒危与保护等级划分中的问题及其标准探讨. http://www.100md.com/html/Dir/2004/06/07/41/10/64.htm.

傅立国. 1991.珍稀濒危植物红皮书（第一册）. 北京: 科学出版社.

郭忠玲, 赵秀海. 2003. 保护生物学概论. 北京: 中国林业出版社, 186 – 187.

国家环境保护总局. 2005.中国履行《生物多样性公约》第三次国家报告.

国家食品药品监督管理局. 2003. 药品企业统计资料. http://www.sda.gov.cn

贺金生, 马克平. 1997. 物种多样性//蒋志刚, 马克平, 韩兴国主编. 保护生物学. 杭州: 浙江科技出版社, 20−33.

贺善安, 顾姻, 诸瑞芝, 於虹. 2001. 植物园与植物园学. 植物资源与环境学报, 10(4):48−51.

贺新强, 林金星, 胡玉熹, 王献溥, 李法曾. 1996. 中国松杉类植物濒危等级划分的比较. 生物多样性, 4(1):45−51.

黄大卫. 1997. 物种与物种形成//蒋志刚, 马克平, 韩兴国主编. 保护生物学. 杭州: 浙江科技出版社, 70−80.

蒋志刚. 2002. WTO与中国野生动植物国际贸易//李文华, 王如松主编. 生态安全与生态建设. 北京: 气象出版社, 122−129.

蒋志刚, 樊恩源. 2003. 关于物种濒危等级标准之讨论——对IUCN物种濒危等级的思考. 生物多样性, 11(5): 383−392.

蒋志刚, 马克平, 韩兴国主编. 1997. 保护生物学. 杭州: 浙江科技出版社.

蒋志刚. 2001a. 野生动物的生态系统服务功能. 生态学报, 21:1494−1503.

蒋志刚. 2001b. 野生动植物的经济绝灭与贸易管制. 世界科技研究与发展, 23(1):28−32.

蒋志刚. 2005a. 论中国自然保护区的面积上限. 生态学报, 25(5): 14−21.

蒋志刚. 2005b. 生物遗传资源的元所有权、衍生所有权与修饰权. 生物多样性, 13(4):363−366.

解焱, 汪松. 1995. 国际濒危物种等级新标准. 生物多样性, 3: 234−239.

经济合作和发展组织. 1996. 贸易的环境影响. 北京: 中国环境科学出版社.

卢学理, 蒋志刚, 唐继荣, 王学杰, 向定乾, 张建平. 2005. 自动感应照相系统在大熊猫以及同域分布的野生动物研究中的应用. 动物学报, 51(3):495−500.

陆健身. 1997. 中国生物资源. 上海: 上海科技教育出版社.

罗毅波.2005.国兰野生资源保护及国兰产业发展.濒危物种科学通讯，14：16－19.

孟智斌，王珺．2005．《濒危野生动植物种国际贸易公约》（CITES）附录：中国原生物种的初步统计.濒危物种科学通讯，15：13－14.

全国人大环境保护委员会办公室编.1993.国际环境与资源保护条约汇编.北京：中国环境科学出版社.

世界资源研究所，联合国环境发展署，联合国开发计划署编.1995.世界资源报告1994－1995.北京：中国环境科学出版社.

唐继荣，蒋志刚.2004.虎兮，归来.人与自然，35：24－33.

汪松主编.1998.中国濒危动物红皮书——兽类.北京：科学出版社.

汪松，郑光美，王歧山主编.1998.中国濒危动物红皮书——鸟类.北京：科学出版社.

王明俭.2002.海洋岛渔场中国对虾资源保护和利用的研究.自然资源学报，11：243－248.

王应祥.2003.中国哺乳动物物种和亚种名录与分布大全.北京：中国林业出版社.

吴征镒主编.1980.中国植被.北京：科学出版社.

杨亲二.2006.也谈物种的用法，与王文采先生商榷.植物生态学报，30：259－260.

袁德成.1997.物种编目、濒危等级和保护优先序//蒋志刚，马克平，韩兴国主编.保护生物学.杭州：浙江科技出版社，103－119.

张存龙，王润芳.2002.我国野生药材资源开发与保护.中药研究与信息，4：28－30.

赵尔宓.1998.中国濒危动物红皮书——两栖类和爬行类.北京：科学出版社.

赵维田.2000.世贸组织(WTO)的法律制度.长春：吉林人民出版社.

郑光美.2002.世界鸟类分布与名录.北京：科学出版社.

周志华，蒋志刚.2003.漫谈我国野生动植物利用与贸易史.野生动物，24(6)：8－10.

周志华，蒋志刚.2004a.中国野生动植物国际贸易动态研究.林业科学, 40:151-156.

周志华, 蒋志刚. 2004b. 试论野生动植物管理中经济学的运用. 绿色中国, 165:45-47.

周志华. 2003. 野生动植物贸易的理论研究与大宗贸易物种风险评估. 北京: 中国科学院动物研究所.

中华人民共和国濒危物种进出口管理办公室, 中华人民共和国濒危物种科学委员会. 2005. 《濒危野生动植物种国际贸易公约》附录I、附录II和附录III.

《中国生物多样性国情研究报告》编写组. 1998. 中国生物多样性国情研究报告. 北京: 中国环境科学出版社.

"中国生物多样性保护行动计划" 总报告编写组. 1994. 中国生物多样性保护行动计划. 北京: 中国环境科学出版社.